RECUEIL

DE DIFFERENS TRAITÉS
DE PHYSIQUE

ET

D'HISTOIRE NATURELLE,

Propres à perfectionner ces deux Sciences.

Par M. DESLANDES.

TOME SECOND.

A PARIS;

Chez J. F. QUILLAU, Fils, Libraire,
rue Saint Jacques, vis-à-vis celle des
Mathurins, aux Armes de l'Université.

M. DCC. L.

AVEC APPROBATION ET PRIVILEGE DU ROY.

PRÉFACE.

'A1 tâché de montrer
dans la Préface du pre-
mier Volume de ce Re-
cueil, que la Phyfique
& l'Hiftoire Naturelle font la
fource de toutes les connoiffances utiles & agréables : utiles, en
nous développant les deux principaux caractéres de l'Etre fuprême, fa puiffance infinie dans
la production de toutes les chofes poffibles & fon intelligence
également infinie dans leur arrangement & leur cohérence ;
agréables, en nous faifant remarquer jufque dans les moin-

dres objets une symmétrie & des beautés sans nombre, qu'on ne trouve point dans les ouvrages les plus exquis de l'art. C'est ce qui faisoit dire à Cicéron que la Providence, ou comme l'appelloient les anciens Philosophes, la Nature étoit *consultrix & pro-vida utilitatum opportunitatumque omnium* (1).

La Physique qui acquiert chaque jour de nouvelles richesses, embrasse toutes les parties de l'Univers : & en les embrassant, elle s'éfforce d'en découvrir les usages, la structure & le méchanisme ; non en inventant des systêmes & accumulant les unes sur les autres des hypothéses arbitraires, mais en se servant de la voye de l'expérience & employant des inductions généra-

_____

(1) *Cic. Academ. Quæst. Lib.* 1º.

les , tirées des principes évidens.
de la Géométrie & des Méchaniques. En effet , nous ne pouvons acquérir aucune connoiſſance certaine , *niſi quatenus expe-
rientiæ pateſcit*, comme dit l'illu-
ſtre Boerhaave , *aut demonſtra-
tione ſuper eâ abſolutà per Mecha-
nica ulterius* (1) *porrigitur.* J'avoue
que la Phyſique ne remonte pas
toujours aux premiers principes
des choſes : peut-être même faut-
il avouër qu'elle y remonte très-
rarement. Mais c'eſt beaucoup
que d'entrevoir les rapports &
les connexions de ces principes ,
& d'arriver à des conſéquences
qui y tiennent indubitablement.
On ignore , par exemple , quelle
eſt la cauſe de la gravitation , de
cette peſanteur univerſelle & ré-

____

(1) *Vid. Herm. Boerh. Serm. Academ. de
comparando certo in Phyſicis.*

ciproque qui fait que toutes les parties de la matiére peſent les unes ſur les autres, en raiſon di-recte de leurs maſſes & en raiſon inverſe du quarré de leurs diſtan-ces. Mais quoique cette cauſe ſoit ignorée, les effets de la pe-ſanteur n'en ſont pas moins con-nus : & quoique ces effets puiſ-ſent s'expliquer par les ſeules loix des Méchaniques, cependant la cauſe de la peſanteur eſt Méta-phyſique : c'eſt-à-dire (1) qu'elle renferme quelque choſe de for-mel & d'indépendant de la matié-re, quelque choſe où il entre une force, une activité proprement dite, par laquelle chaque por-tion de cette même matiére a un principe de vie réellement diſ-tinct de toute autre portion. *De-*

(1) Voyez l'Hiſtoire critique de la Philoſo-phie, tome 2.

nique, continuë Boerhaave, *quod mirabile omninò videtur, ortus ejus & natura ex principiis méchanicis nequaquam explicari possunt, quum effecta ejus nihilominus per illa egregiè dilucidari queant.*

Un autre avantage que procure la Physique, c'est de nous préserver de l'Athéïsme & de la superstition, que je regarde comme les deux plus grands malheurs qui deshonorent l'humanité. Elle nous préserve de l'Athéïsme, en nous faisant remarquer dans tous les objets qui nous environnent, des traces de l'infini & nous élevant par-là à l'idée de l'Etre infiniment parfait. Elle nous préserve de la Superstition, en étendant nos connoissances & nous dégageant de la frayeur qu'inspirent certains météores : deux choses également nécessaires, tant pour la tranquillité & l'agrément de la vie, que pour éviter cette admiration stupide qui naît de l'ignorance des effets de la Nature.

Mais la Physique étant si capable de nous plaire & de nous intéresser, pourquoi y a-t'il si peu de Livres de Physique qui nous plaisent & nous intéressent ? Quelle en est, ou quelle en peut être la raison ? A cette demande trop souvent répétée, je ferai les réponses suivantes, & je les ferai naïvement & sans avoir envie de blesser personne, quoique dans un siécle aussi délicat que le notre on se blesse aisément de la moindre chose.

Chaque Science a sa Rhétorique, ou son Art de parler & de

s'énoncer : & quoique les har-
dieſſes ſoient quelquefois heu-
reuſes , on ne réuſſit cependant
guéres qu'en ſuivant les principes établis & approuvés. La Phy-
ſique a auſſi ſa Rhétorique , ou
ſon Art de parler : & les Phyſiciens qui s'en écartent ou par ignorance ou par je ne ſçai quelle envie de s'ouvrir des routes moins
frayées, tombent dans le décri, &
non ſeulement n'inſtruiſent point
le public, mais l'ennuyent. C'eſt
ce qu'on va voir dans la ſuite de
cette Préface. Trop heureux , ſi
je puis éviter les écueils où tant
d'autres ont échoué ! Et quels
écueils ? Qu'ils ſont en grand
nombre ?

I°. Il a été un tems où l'eſprit de ſyſtême avoit ſaiſi tous les
Phyſiciens enivrés d'un fol or-
gueil , & où en déguiſant les

faits , en falsifiant les raisonnemens , en effleurant des expériences & les ajuftant enfuite à fes
idées , on croyoit expliquer tous
les phénoménes , tout l'enfemble de la Nature. Les écoles mal
gouvernées & mal inftruites fe
partageoient entre les divers fyftêmes établis. » Un peu plus
» d'éclat & de brillant dans l'un
» que dans les autres remarque
» le Pere Lamy Benédictin , plus
» d'honneur à le foutenir , plus
» de vaine réputation de bel ef-
» prit à acquérir , étoient fou-
» vent les plus fortes raifons qui
» formoient les partifans de ces
» fyftêmes «. Les jeunes gens fur-
tout fe laiffoient prendre à des
piéges fi flateurs pour leur amour
propre : ils s'imaginoient avoir
tout vu en gros & tout pénétré en détail ; quoiqu'au fond ils

n'eussent rien vu & encore moins rien pénétré. En effet, que pouvoient-ils voir, que pouvoient-ils pénétrer, aveuglés comme ils étoient par leurs préjugés & leurs yeux ne s'ouvrant jamais à la lumiére de l'observation & de l'expérience ? Ce que les Maîtres présomptueux avançoient avec hauteur, les Disciples soûmis le recevoient avec docilité : & puis, quand ils venoient à confronter la Nature avec ce qu'on leur avoit appris, ils ne trouvoient rien de réel, rien qui les satisfît & qui les éclairât.

Heureusement que tous ces systêmes, tous ces romans de Physique se sont évanouis, comme s'évanouissent les songes d'un homme qui se réveille : *veluti somnia surgentis.* Et si quelqu'un ose encore aujourd'hui donner de pareilles rêveries, ou il trouve peu de Lecteurs, ou il est regardé par les Amateurs de la saine Physique, comme font regardés par ceux qui recherchent la verité Historique, tous nos vieux Romanciers, tous nos Legendaires, tous nos Annalistes crédules.

On ne veut donc plus déformais de ces productions monstrueuses, où un auteur ambitieux pense qu'il est au-dessous de lui de donner quelque chose de moins qu'un système du monde complet, & où dans la vuë d'y parvenir, il entasse suppositions sur suppositions, sans songer qu'une découverte en doit attirer une autre & que les recherches les plus heureuses font celles qui nous font sentir qu'il reste de plus grandes chofes à découvrir que tout ce qu'on a effectivement découvert. Il fuit de-là que pour faire un bon ouvrage de Phyfique , il faut deux chofes : la premiére , commencer par l'expofition des phénoménes ou des effets , examiner enfuite les caufes particuliéres qui produifent ces effets , remonter enfin de ces caufes particuliéres à d'autres plus générales & de celles-ci à d'autres plus générales encore ; la feconde , s'arrêter , lorfque les expériences viennent à manquer , & que les procédés de la Nature font fi compliqués , l'art qu'elle employe fi fupérieur à notre foible entendement , que nous ne pouvons plus fuivre le fil de fes opérations. Cette conduite eft fans doute préférable à celle de se faire une douce illusion par un système chimérique, & de se livrer à des phantômes vains que dissipe tôt ou tard la force de la vérité. Le secret de la Nature ne se devine point : il faut ou le lui arracher par des efforts redoublés, ou qu'elle veuille bien le révéler elle même par quelque évenement singulier.

II°. La Géométrie est un instrument fin & délié, mais qui ne peut point s'appliquer à toutes sortes d'objets ni être manié par toutes sortes de mains. S'il est difficile de perfectionner cet instrument, il est encore plus difficile d'en faire usage, sur-tout en Physique. Car qu'est-ce que la Physique, sinon une science de détail, une étude assidue des Loix invariables de

la Nature , où du connu on
paſſe à ce qui eſt moins connu ,
& de ce qui eſt moins connu on
parvient quelquefois à ce qui
étoit entièrement inconnu : Ce
qui forme une progreſſion où
la Géométrie peut aiſément
tenir ſa place , non avec cet
appareil de calculs qui l'environne , mais en n'avançant qu'à
pas lents & ne diſant rien qui
ne ſoit prouvé autant qu'il peut
l'être.

Par tout où il y a des corps ;
il y a conſéquemment des maſſes , des figures , des mouvemens
ou plutôt des forces motrices
qui produiſent des mouvemens :
& l'objet de la Géométrie étant
les corps ou , pour mieux dire ,
les affections des corps qu'elle
meſure , qu'elle peſe , qu'elle
évaluë , qu'elle conſidére ſui-

vant leurs rapports & leurs proportions, la Physique ne peut
point se passer absolument de
son secours. Mais le besoin qu'elle en a, tout bien examiné, se
réduit seulement aux résultats
des calculs qu'offre la Géométrie, & ne s'étend point aux calculs mêmes qui effrayent plus
l'imagination qu'elles n'éclai-
rent l'esprit. J'avouë que sçavoir se réduire à ces résultats,
est une affaire de choix, un
effort de génie, dont peu de
gens sont capables : mais aussi
c'est-là ce qui fait les bons Livres de Physique, les livres
applaudis. Si les Anglois ont
une méthode contraire, eux,
dont je respecte si fort le goût
& les talens, je crois qu'on
peut se dispenser de la suivre.
Cette méthode est plus impo-

fante dans l'éloignement , qu'u-
tile de près.

Mais en travaillant à découvrir pas à pas ce qui eft à fa portée , la Phyfique ne fe flatte
point impérieufement de tout
approfondir , ni d'aller à tout.
Si elle diftingue les opérations
de la Nature des opérations de
Dieu proprement dites, elle fçait
que les premiéres dépendent ou
des Verités néceffaires ou des
Loix que Dieu a choifies comme les plus parfaites , les plus
convenables à fes deffeins , &
que les fecondes dépendent de
la fuprême raifon qui le fait agir
lui-même. Elle fçait encore que
dans l'enchainement des chofes
qui lui font offertes , il y en a
plufieurs que Dieu a placées au
de-là des limites entre lefquelles eft refferré l'efprit humain ,

& où il ne pourra jamais atteindre. Qu'on confidére toutes les parties de l'Univers, ou prifes enfemble, ou prifes relativement les unes aux autres, on y trouvera, dit M. Leibnits, » une » préformation, une harmonie » préétablie de toutes chofes » entre'elles, entre la Nature & » la Grace, entre les décrets de » Dieu & nos actions prévuës, » entre toutes les parties de la » matiére & même entre l'ave- » nir & le paffé : le tout con- » formément à la fouveraine fa- » geffe de Dieu, dont les ou- » vrages font les plus harmo- » niques qu'il foit poffible de » concevoir « , & en même tems les plus difficiles à expliquer.

III°. Les Livres où domine la Philofophie fyftêmatique & ceux

qui font hériffés d'Algébre &
de Géométrie , étant ainfi re-
prouvés , je dois dire qu'il y a une
certaine fechereffe dans la maniére de rapporter les expériences qu'on a faites & de juger des
conclufions qu'on en a tirées ,
que la Phyfique ne reprouve pas
moins. Et cette fechereffe , d'où
peut-elle venir , fi ce n'eft de
l'ignorance dont fe piquent la
plûpart de nos Phyficiens. Ils
ne connoiffent ni l'antique , ni
fouvent le moderne même ; &
cependant ce qu'ils s'imaginent
avoir inventé à grands frais , fe
trouve ou dans cet Ariftote qu'ils
méprifent fans l'avoir lu , ou
dans ce Platon qu'ils appellent
Divin avec un ris moqueur , ou
dans les auteurs intermédiaires ,
je veux dire ceux du moyen âge
qui ne font ni anciens ni moder-

nes. Combien de Machines qu'on croit nouvelles, & qui ne font après - tout que renouvellées ! Combien d'inftrumens, d'ouvrages de perfpective, de chefs-d'œuvres de Méchanique, parent aujourd'hui les cabinets des Curieux, & qu'on voit décrits dans des Traités obfcurs & prefque ignorés ! Combien de procédés dans la Chymie, de remédes dans la Médecine, de méthodes abrégées dans la pratique des Arts, nous ont été tranfmis par les Anciens & dont on ne leur fait point honneur !

Je pourrois fur tout cela rapporter des exemples frappans, & plus frappans affûrément que tous ceux que rapporte l'Auteur (1) de l'ouvrage intitulé :

(1) Cet Auteur fe nomme George Pafchius, & fon but étoit de traiter *de novis inventis*

Inventa Nov-Antiqua. Mais il me∙ fuffira de faire la réflexion fuivante. Quand on donne des Traités, foit de Phyfique générale, foit de Phyfique particuliére, fi l'on veut y joindre l'agréable à l'utile, il faut avant toutes chofes fçavoir l'Hiftoire même de la Phyfique : 1°. afin de rendre à chacun la juftice qui lui eft dûë, *ingenui eft animi fateri per quos profeceris*, & diftinguer les premiers des feconds & troifiémes Inventeurs ; 2°. afin de fuivre le fil ou le progrès d'une obfervation & d'une expérience, de marquer ce qui les a occafionnées, comment elles fe font accrues, comment elles font arrivées à la perfection ; 3°. afin de connoître la marche

quorum accuratiori cultui facem pratulit Antiquitas.

lente & pénible ; mais avouée, de l'esprit humain, & en connoissant cette marche, de le connoître lui-même autant qu'il peut être connu. Ce qui est un des plus grands avantages qu'on puisse retirer de l'étude de la sagesse, & de la Philosophie.

Cette étude seroit parfaite, si l'on voyoit le but où doivent nous mener les observations & les expériences qu'on vante tant. Rarement ce but se découvre-t'il à nos yeux. Aussi la plûpart des expériences & des observations faites avec tant d'éclat, sont-elles perdues pour un Lecteur intelligent. Elles n'augmentent point sa capacité de penser : encore moins augmentent-elles sa capacité de raisonner. Le corps humain est environné d'une infinité d'autres corps qui

agiffent continuellement fur
lui, & dont quelques-uns même s'infinuent dans fes parties les plus intimes. Ce font
par-tout des obftacles, par-
tout des empêchemens, quelquefois infurmontables. Et la
véritable Phyfique feroit celle qui nous procureroit la
connoiffance de ces empêchemens & de ces obftacles,
en nous apprenant quelle eft
la fituation la plus parfaite
des parties du corps, pour
entretenir l'action de l'ame.
Le fentiment de la facilité
de cette action caufe le plaifir, & le fentiment de la
difficulté de cette même action fait la douleur. Mais
peut-être feroit-ce trop demander à la Phyfique mo-

derne , qui n'eſt le plus ſouvent touchée que d'amuſe-
mens frivoles. Cet aveu ſin-
cére , & que m'a arrache l'a-
mour de la vérité , voudra-
t'on me le pardonner ?

IV°. Il y a deux autres
défauts où tombent quelques
Phyſiciens , & que je ne trouve pas moins répréhenſibles.
Le premier eſt une certaine
diffuſion de paroles , où les
meilleures idées ſont comme
noyées. Ceux qui donnent
dans ce défaut , ſemblables
au vieux Neſtor de la Fable,
aiment à raconter & ſe parent
d'une grande exactitude. Ils
ne s'arrêtent jamais ni où , ni
quand il faut s'arrêter : ce
qui provient d'un motif loua-
ble au fond , c'eſt-à-dire d'une
envie

envie fcrupuleufe & pleine
d'attention , de décrire jufqu'aux moindres parties , au
lieu , ce me femble , qu'il n'y
a que les parties organiques
ou deftinées à quelque ufage
qui méritent qu'on les décri-
ve. Pour les autres qui ne
font que curieufes , il faut les
laiffer à la confidération de
ceux qui veulent examiner les
chofes de plus près.

Des Voyageurs qui font à
la vérité Phyficiens ont-ils à
traiter ce qui regarde , foit
les productions naturelles &
les manufactures du Royaume , foit les différens avantages & les utilités qu'on retire
des Royaumes Etrangers ? Ils
renferment en plufieurs (1) vo-

____

(1) Voyez la plûpart des Voyages mo-

lumes ce qui pourroit être reduit à un feul, ou ils renferment en un feul volume ce qui pourroit être réduit à quelques pages. Comme un Auteur judicieux fe fie fur beaucoup de chofes qu'il fupprime, à l'intelligence de fes Lecteurs; de la même maniére un Phyficien habile doit fe fier fur les petits détails, à l'induftrie de ceux qu'il veut inftruire. Chaque fujet a un point fixe & indépendant de tout autre fujet, qu'il faut faifir : mais il n'y a que les grands genies qui le faififfent, & qui voyent dans le principe ce que les autres ne peuvent voir que dans

dernes, foit François, foit Anglois, foit Hollandois qui contiennent trop de Volumes.

les conféquences. Je n'en ap-
porterai ici qu'une feule preuve : c'eft le Difcours de l'illuftre M. de Maupertuis fur les
différentes Figures des Aftres.
Jamais on n'a dit tant de
chofes excellentes & en fi
peu de paroles, que celles qu'il
dit dans les trois premiers cha-
pitres de fon Difcours. Chaque mot eft un germe de penfées & chaque penfée en fait
naître plufieurs autres. Auffi
M. de Maupertuis a-t'il été
appellé par le fçavant Chr.
Wolfius dans fon Cours de
Mathématique , *Vir acumine
fingulari præditus.*

Le fecond défaut qui me
refte à blâmer , eft je ne fçai
quel air de plaifanterie qu'affectent certains Phyficiens. Cet
air eft tout-à-fait indécent &

révolte les personnes sensées qui aiment à voir la Philosophie traitée avec noblesse & dignité, cette Philosophie de laquelle Ciceron disoit, *nec ullum arbitror, ut apud Platonem est, majus aut melius à diis datum munus homini.* J'avouë que nous avons un ouvrage d'Astronomie Physique monté sur le ton de la bonne plaisanterie. Mais c'est aussi le seul que nous ayons : & le Philosophe aussi aimable par la politesse de ses mœurs, que respecté par la supériorité de ses lumiéres, aussi correct, aussi élegant que profond en divers genres de Littérature ; le Philosophe, dis-je, qui a composé cet ouvrage, n'a encore vu personne qui ait approché du badinage fin & ingénieux dont il a sçu

embellir fa Pluralité des Mondes.
Je n'en excepte pas même l'Auteur du *Newtonianifmo per le
Dame , ovvero Dialoghi fopra la
luce e i colori.*

Les Anciens qui font toujours
& les meilleurs guides que nous
pouvons fuivre , & les meilleurs
modéles que nous pouvons imiter,
les Anciens nous ont encore appris la véritable maniére de parler de la Philofophie. Quelle grandeur d'ame ? quelle *univerfalité*
d'idées dans Ciceron ! C'eft un
Maître éclairé qui inftruit , un
Citoyen plein de zéle qui ra-
mene tout au bien de fa patrie , un ami fincére qui ouvre
fon cœur à des amis dignes de
lui. Quelle étenduë de connoiffances dans Pline ! Quel ordre
dans la diftribution des matiéres
qu'il embraffe ! Et combien de
matiéres n'a-t'il point embraffées?

Plus nous devenons habiles dans l'Hiſtoire Naturelle & dans la pratique des Arts , plus nous rendons juſtice à Pline , plus nous le trouvons habile lui-mê-me. Que d'eſprit dans Sénéque, & peut-être trop d'eſprit ! Quel-le adreſſe à coudre des traits d'Hiſtoire curieux : des réflexions lumineuſes , à ſa matiére princi-pale qui n'en devient par-là que plus intéreſſante ? Si Sénéque éblouit quelquefois , il perſua-de ſouvent & il plaît plus ſou-vent encore. Le quitte-t'on ? c'eſt avec une forte envie de le re-joindre. Son. commerce inſpire je ne ſçai quel courage d'eſprit & contre les diſgraces de la for-tune & contre les malheurs ſi ordinaires de la vie.

Le dernier ouvrage de Phy-ſique qui ait paru , eſt la Deſ-cription du Cabinet du Roi , ou l'Hiſtoire Naturelle , générale & particuliére. M. de Buffon qui en eſt l'auteur , s'éleve au ſublime des Anciens. Il préſente les plus grands objets avec une nobleſſe de ſtyle , qui les égale. Il réunit trois choſes qu'on trouve ſi rarement enſemble , & la dignité des ſentimens de Cicéron & l'étenduë des connoiſſances de Pline & les réflexions judicieuſes de Sénéque.

Après avoir ainſi marqué quelles ſont les régles générales que doit ſuivre tout Phyſicien qui cherche à ſe diſtinguer , je vais rapporter briévement les titres & effleurer les ſujets des différens Traités, qui compoſent ce Recueil. Le public jugera ſi je ne me ſuis point écarté de ces régles , que j'ai oſé preſcrire ,

& fi en prudent Légiflateur , je n'ai point manqué à ce que je me devois à moi-même. *Pertinet ad profeɛtum noſtrum ,* diſoit Pline dans une de ſes Lettres, *diſcere quid laudandum , quid reprehendendum : ſimul ita inſtitui , ut verum dicere aſſueſcamus.*

I.

Sur l'Artillerie en général, & particuliérement ſur le recul des armes à Feu.

La découverte de la poudre à canon , peut-être duë au hazard, a précédé celle des armes à feu : & ces deux découvertes jointes enſemble ont changé tout le ſyſtême de la guerre , y ont introduit de nouvelles maniéres d'attaquer & de ſe défendre. L'Artillerie eſt donc la ſource de

beaucoup d'inventions, meurtriéres à la vérité, mais toujours
ingénieufes. Si elle a appris aux
hommes à s'attaquer avec une
forte de fureur, elle leur a appris en même tems à chercher
des moyens de fe défendre plus
fûrs que tous ceux qu'avoient
les Anciens. Combien de reffour-
ces le Génie n'a-t'il pas trouvées en lui-même, pour empêcher tant de morts précipitées ?
Combien l'Art de fortifier les
places de guerre n'a-t'il pas reçu
d'accroiffemens ? Pour ce qui regarde la queftion fi fouvent agi-
tee du recul des armes à feu,
elle a mérité la double attention
des Phyficiens & des Officiers
d'Artillerie. Les uns ont raifon-
né : les autres ont fait quelque
chofe de plus, ils ont pratiqué.
Et c'eft fur la pratique qui doit
précéder, ce me femble, que le

b v

raiſonnement doit s'appuyer , afin de marcher avec plus d'aſſurance.

I I.

Sur un paſſage curieux de Plutarque , & un point important de la manœuvre des Vaiſſeaux.

Ce mémoire avoit deja paru dans un des Mercures de France , que publioit feu M. de la Roque. Mais il reparoît aujourd'hui avec quelques changemens. L'Obſervation de Plutarque eſt ſinguliére : & comme elle m'a donné lieu de parler des tempêtes qu'on éprouve ſur mer , j'y ai joint l'Hiſtoire de la plus terrible de toutes celles dont on ſe reſſouvient dans la Marine. C'eſt » l'Hiſtoire du » coup de Vent arrivé le premier

» Janvier 1687. qu'on nomme
» le coup de Vent de M. le Duc
» de Mortemart , avec le détail
» des accidens qu'essuya son es-
» cadre «. On peut compter sur
la fidélité de cette Histoire. Elle me fut communiquée il y a
quelques années par M. de Saint
Perrier de Bandeville , Capitaine de vaisseau , qui l'avoit écrite
de sa propre main. Cet Officier
étoit embarqué sur le bord même de M. le Duc de Mortemart.
Il est mort depuis.

I I I.

Sur des arrangemens sin-
guliers de pierres, qu'on
trouve en différens en-
droits de l'Europe.

Tout est un sujet d'observation pour les Philosophes atten-

tifs , & qui ſçavent à propos interroger la Nature. Ils ne peuvent faire un pas , ils ne peuvent
jetter les yeux ſur ce qui les environne , ſans trouver des objets
qui excitent leur admiration ou
qui s'attirent leur ſurpriſe.. Ils
reſtent immobiles à la vue de ces
objets , que le vulgaire imbécil-
le dédaigne ou n'apperçoit point :
ils les examinent curieuſement ,
ils s'efforcent d'en découvrir le
méchaniſme caché & les raiſons
ſecrettes. C'eſt ce qui m'eſt arrivé
plus d'une fois , dans les différens voyages que j'ai faits , & ſur-
tout par rapport aux *monumens
ſinguliers de pierres* dont il eſt ici
queſtion. J'ai ramaſſé ce que les
autres en ont dit : & comme il
étoit impoſſible que je n'y ajou-
taſſe ce que j'en penſois moi-même , je me ſuis laiſſé conduire à
ma matiére , & j'ai donné les

» Noms & les fituations des prin-
» cipaux Volcans aujourd'hui ré-
» pandus fur la terre «. Ces Volcans prouvent fans contredit l'e-
xiftence du feu central.

I V.

Remarques & Expériences
fur différens fujets, tirées
des Tranfactions Philofo-
phiques & traduites de
l'Anglois.

Chacun connoît le mérite &
le prix de ces Tranfactions ; &
je ne crois pas que les Traités
que je rapporte ici, quoique fuc-
cints, leur faffent aucun tort.
Le premier eft de M. Ent, &
roule fur la maniére de connoître les tempéramens & les difpo-
fitions de l'ame par les modula-
tions de la voix dans le difcours

ordinaire. Le second de M. Allen Moulin, Docteur en Medecine, & roule sur la quantité du sang de l'homme & la vîtesse de sa circulation. Le troisiéme de M. Halley, & roule sur le peu d'épaisseur de l'or qui couvre le fil doré & la tenuité exceffive des atomes ou particules intégrantes de ce métal. Le quatriéme du même M. Halley, & roule sur la quantité de vapeurs que la chaleur du Soleil éleve de la mer. Le cinquiéme enfin du Docteur Frederic Slare, & contient un catalogue, 1°. des Huiles qui s'enflamment avec explofion, quand on verfe deffus de l'efprit de Nitre compofé ; 2°. des Huiles qui font feulement beaucoup de bruit & d'explofion, mais qui ne s'enflamment point ; 3°. des Huiles qui ne fermentent jamais & ne

font point d'explofion. Toutes
ces obfervations & ces Expériences annoncent l'efprit des
Anglois tourné à l'utile & au folide.

V.

**Sur la Pêche des Baleines que
font les Bafques & fur la
maniére de l'améliorer,
avec quelques remarques
touchant le pays qu'ils habitent.**

Quand une action eft coura-
geufe & utile, plus il y a de difficultés à la faire, plus on doit
louer ceux qui la font. Sur ce
pied-là, j'ai rendu juftice à la
hardieffe des Bafques qui s'expo-
fent aux plus grands périls, qui
courent les plus grands hazards,
pour remplir un objet de com-

merce important. Et cet objet
me l'a paru à tel point , que je
suis persuadé que leur hardieſſe
mérite d'être encouragée par des
récompenſes qui leur ſont bien
duës. Auſſi la Cour a-t'elle reçu
favorablement les repréſenta-
tions qui lui ont été faites à ce
ſujet. Après avoir ainſi parlé des
Baſques , je rapporte » quelques
» ſingularités trouvées en Baſſe-
» Bretagne , vers la fin de l'an-
» née 1731. « & qui ſont preſque oubliées dans le pays même.

V I.

Sur la conſtruction des Vaiſſeaux.

Je ne prétens point donner ici
un Traité en forme de l'Art de
conſtruire , un Traité fondé ſur
des principes de Géometrie & de

Méchanique dont les gens du métier ne conviendroient point, & dont tous les autres feroient peu de cas. Je me contente de donner l'Hiſtorique de cet Art en trois Lettres , qui feront fuivies de trois autres dans le volume qui doit paroitre inceſſamment. Charmé de rendre à chacun la juſtice qui lui eſt due , je ferai connoître des Hommes qui ont rendu des ſervices ſignalés à l'Etat : & peut-être plus ſignalés que les Hommes dont la reputation impoſe davantage. A l'égard des critiques qu'on a faites des trois premiéres Lettres, je n'y répondrai point. Elles ſont déja tombées dans l'oubli : & ce feroit faire trop honneur à ceux qui les ont publiées , que d'en parler même au courant de la plume. *Nos certè taceamus.*

VII.

Nouveau Traité des Vents.

Une grande partie de ce que je rapporte dans ce Traité , eſt tirée de différens Auteurs : du Chancelier Bacon , dans ſon Hiſtoire des Vents ; de M. Halley, dans ſon Mémoire des Vents Aliſés & des Mouçons , qui régnent entre les deux Tropiques ; enfin , du nommé Daſſié , dans ſon Routier des Indes Orientales. J'y ai ajouté ſeulement un ordre nouveau , & plus méthodique. Qu'on me permette encore de dire que l'Hiſtoire des Vents du Chancelier Bacon eſt un modéle, que les Phyſiciens ne doivent jamais perdre de vue. Il y démontre premiérement qu'il faut avoir l'Hiſtoire exacte d'un phénoméne, avant que de cher-

cher à l'expliquer ; il y préſente
enſuite le plan de l'Hiſtoire d'un
des principaux phénoménes qui
ſoit dans la Nature. J'appelle ainſi les Vents.

VIII.

Conjeƈtures ſur le nombre des Hommes qui ſont aƈtuellement ſur la Terre.

Le grand principe de la con-
venance morale des choſes eſt
celui dont j'ai fait le plus d'uſage dans toute la ſuite de ces
Conjeƈtures : & il faut avoüer
que c'eſt un principe d'une fécondité extraordinaire , & ſur
lequel on n'a point encore aſſez
réflechi. Plus ſouvent on ſçaura
l'employer & plus facilement on
réſoudra diverſes queſtions em-
barraſſantes , & des queſtions

d'un genre supérieur à toutes celles qu'offre la Nature. Pour le
Mémoire dont il s'agit ici, j'a-
vourai que j'ai profité de beaucoup de choses tirées de l'Introduction à la Géographie Univer-
selle de Nicolas Struyes. Et comme cette Introduction est écrite
en Hollandois, un de mes amis (1)
a bien voulu me procurer des tra-
ductions fidelles des endroits
dont j'avois besoin.

IX.

Traité Historique des pro-grez successifs de l'Artil-lerie & du Génie.

Ce Traité est la traduction de
la Préface que M. Benjamin
Robins, de la Société Royale
d'Angleterre, a mise à la tête

(1) *M. Saverien.*

de fon ouvrage fur l'Artillerie, lequel a pour titre : *New Princi-ples of Gunnery , containing the determination of the force of Gun-Powder &c.* Si ce Traité eft au gout du public , (j'y ai laiffé beaucoup de tours de phrafe & beaucoup d'expreffions qu'affec-tent les Anglois ,) l'ouvrage en-tier verra bientôt le jour , & changera tout le fyftême qu'on s'eft fait jufqu'ici fur l'Artillerie. M. Robins a pouffé fa théorie auffi loin qu'elle peut aller. Mais en revenche je crains qu'on ne blâme quelques-unes de fes idées fur la Fortification moderne , dont il ne. femble pas faire un grand cas. Je n'ai point cru ce-pendant les devoir déguifer , parceque les caprices même d'un étranger font utiles. Pour les approbations de nos contempo-

rains & de nos compatriotes, rien
pour l'ordinaire n'est plus flateur
ni moins sincére.

TABLE
DES TRAITÉS
Contenus dans le second Volume.

I. TRAITE'.

II. TRAITE'.

III. TRAITE'.

IV. TRAITE'.

TRAITÉ

TRAITÉ

OÙ L'ON PARLE DE

l'Artillerie en général, & particuliérement du recul des Armes à Feu.

Tome II.   A

Il n'eſt pas poſſible d'imaginer toutes les circonſtances qui occaſionnent les variétés ſurprenantes & bizarres des effets de la poudre dans les bouches à Feu : ce détail eſt immenſe : on peut cependant rapporter une partie de ces circonſtances.

M. de Valliere, Mémoire ſur les charges & les portées des bouches à feu, au ſujet des Obſervations du ſieur Belidor.

TRAITÉ

OÙ L'ON PARLE DE l'Artillerie en général, & particuliérement du recul des Armes à Feu.

LA question du recul des Armes à feu, question qui semble regarder le fond même de l'Artillerie, a été curieusement agitée dans les principales Sociétés Littéraires de l'Europe. Mais loin d'y avoir été décidée, je veux dire, décidée sans retour, elle demande de nouveaux éclaircissemens & de nouvelles expériences : elle est en quelque maniére devenuë plus difficile à résoudre, depuis qu'on l'a résoluë avec trop peu de succès.

Dans les Transactions Philosophi-

A ij

ques, par exemple, on a avancé qu'une certaine charge de poudre dans une arme à feu détournoit la balle de droite à gauche, pendant que le canon en reculant alloit de gauche à droite. Ce qui n'est vrai qu'en un sens, & souffre bien des exceptions. Dans d'autres Mémoires au contraire, on a conclu que la balle sortant avec toute la vîtesse dont elle est susceptible, ne commençoit à ébranler le canon, que quand la balle étoit sur le point de sortir. Ce qui ne peut être soûtenu en aucun sens.

Ayant trouvé occasion de m'entretenir sur cette matiere avec d'habiles (1) Officiers d'Artillerie, nous convinmes de faire quelques expériences avec la précision la plus scrupuleuse. Mais nous voulûmes auparavant établir des principes uniformes, rien n'étant plus ridicule ni plus contraire au progrès de la Physique que de faire des expériences, sans tomber d'accord & du but où l'on

_____

(1) Je ne nommerai ici que feu M. le Chevalier de Gouyon, Commissaire général d'Artillerie, & M. du Pin de Belugard, Capitaine d'Artillerie, tous les deux entretenus dans la Marine.

veut aller & de la maniére la plus courte pour y aller.

PREMIER PRINCIPE.

TOUT canon chargé doit être regardé comme un double reffort, que la poudre détend. Le boulet va en avant, & le canon recule en arriere, en prenant des vîteffes proportionnelles à leurs maffes, de forte que le recul du canon eft très-petit & le chemin parcouru par le boulet eft très-grand.

DEUXIEME PRINCIPE.

SOIT un canon monté fur fon affût, & l'affût tellement affujetti fur fa plateforme qu'il ne puiffe reculer en arriere, ni fe détourner à droite ou à gauche: fi ce canon vient à tirer, il fe tourmentera d'une maniére horrible, rompra même les platebandes de fer qui retiennent fes tourillons fur l'affût, & fe renverfera enfin.

TROISIEME PRINCIPE.

SI cependant la refiftance qu'éprouvent & le canon bien lié fur fon affût & l'affût bien lié fur fa plateforme, furpaffe la force motrice qui chaffe le boulet, alors toutes les parties du canon feront mifes en ofcillation & on les verra frémir d'une maniére fenfible. On verra même quelquefois le canon fe couvrir d'une efpece de fumée, fes pores s'étant élargis confidérablement par les efforts redoublés de la poudre allumée.

QUATRIEME PRINCIPE.

QU'ON tire du centre de la bouche d'un canon une ligne droite, & qu'on la prolonge jufqu'au but auquel ce canon eft dirigé, il eft certain que le boulet ne fuivra point cette ligne droite, mais qu'il décrira une ligne courbe quelconque, de laquelle cette ligne droite fera tangente au point de la courbe que le boulet commencera à décrire en fortant du canon. En effet, il y a deux forces qui agiffent continuellement fur lui : l'une , qui le pouffe en ligne droite & décroît infen-fiblement ; l'autre qui le follicite à chaque inftant à defcendre en en-bas & augmente en pareil degré. Ces deux forces font tellement arrangées, qu'elles femblent agir en fens contraire & fe détruire mutuellement : & cette efpece de combat fubfifte jufqu'à ce que la force qui pouffe le boulet , céde à fa pefanteur. Mais elle ne lui céde pas brufquement : cela fe fait par des degrés de vîteffes qui diminuënt infenfiblement , jufqu'à ce que la vîteffe elle-méme foit tout-à-fait évanoüie : & alors le boulet tombe par terre. Quelquefois même il y roule : marque évidente que toute fa force n'eft pas perduë , & qu'il en refte encore quelque peu qui fe perd enfin.

CINQUIEME PRINCIPE.

J'AI dit que la décifion de la Société Royale de Londres , fçavoir , qu'une certaine charge de poudre dans une arme à feu détournoit la balle de droite à gauche , pendant que le canon en reculant alloit de gauche à droite ; j'ai dit que cette décifion n'étoit vraye qu'en un fens. Pour en être convaincu, il fuffit d'examiner la premiere Figure où l'on voit que le boulet n'eft jamais pouffé que par une direction oblique à celle de l'ame de la piece qu'il lui eft impoffible d'enfiler, de forte que le boulet fortant à droite, le canon doit fe détourner à gauche, & réciproquement le boulet fortant à gauche, le canon doit fe détourner à droite. On pourroit cependant ménager une efpéce de couronne autour du boulet, de maniére qu'il fortiroit toujours parallélement à l'axe du canon : mais cette manœuvre feroit plus nuifible, fur-tout en retardant le tir de l'arme à feu, que profitable. Elle cauferoit d'ailleurs quelque peu de frottement, qu'on tâche d'empêcher par le moyen du vent ou d'un efpace d'environ deux lignes que le boulet doit avoir en tout fens moins que le calibre du canon, afin qu'il en foit chaffé plus facilement. Quelque néceffaire cependant que foit cet efpace, on a trouvé moyen de le fupprimer, foit en chargeant le canon par la culasse, soit par des carabines rayées. Mais ce n'est pas ici le lieu d'entrer dans un détail, qui est reservé pour les Livres d'Artillerie.

Ces principes supposés, nous nous disposâmes à faire diverses expériences, pour lesquelles nous inventâmes les deux Machines suivantes, qui nous parurent les plus propres au détail de ces expériences. Elles méritent une attention d'autant plus grande, qu'il est aisé de les recommencer.

PREMIERE MACHINE.

Soit une rouë posée entre deux poteaux inébranlables, cette rouë ayant un essieu de fer qui tourne librement sur deux coffes ou deux anneaux aussi de fer placés au milieu de ces poteaux. Soit de plus un canon de fusil démonté & chargé à l'ordinaire, lequel soit assujetti sur deux rayons, comme dans la seconde Figure. Si l'on arrête la rouë

& qu'on tire le canon par le moyen de l'étoupille préparée, on verra que la balle à peu de chofe près ira toujours frapper au même but. Si l'on laiffe enfuite la rouë en liberté, on verra que tous les coups porteront huit, neuf, dix, onze ou douze pouces au-deffous, & que cette rouë fera plufieurs tours fur fon effieu avec une très-grande vîteffe. Preuve certaine qu'elle commence à fe mouvoir au même inftant que la force de la poudre allumée met la balle en mouvement. Effectivement, cette force ne peut agir qu'elle n'agiffe des deux côtés, en raifon réciproque des maffes.

DEUXIEME MACHINE.

SOIT un pivôt de bois de chêne (1) fortement arrêté par des chevilles & des clavettes de fer fur une plateforme de madriers auffi de chêne. Soit placé fur la tête du pivôt garnie d'un cercle de cuivre, un triangle équilateral qui tourne aifément fur fon centre.

(1) Voyez la troifiéme Figure.

Si l'on place fur un des côtés de ce triangle un canon de fufil démonté & chargé, & qu'on mette fur l'angle oppofé un morceau de fer qui le tienne en équilibre : fi l'on faifit maintenant le triangle de maniere qu'il ne puiffe remuer, & qu'on tire le canon par le moyen de l'étoupille préparée, on remarquera que tous les coups iront à peu près frapper au même but. Si l'on laiffe enfuite le triangle en liberté, on remarquera que tous les coups porteront tantôt à droite, tantôt à gauche, fuivant le côté où le triangle ébranlé trouvera le moins de refiftance, lequel triangle fera de vîteffe plufieurs tours fur la tête du pivôt. Preuve encore certaine que le canon commence à fe mouvoir au même inftant que la poudre allumée met la balle en mouvement, c'eft-à-dire qu'en même tems que la balle avance dans le canon du fufil, le canon tourne ou pour parler plus correctement, recule.

Il fuit des expériences faites avec cette Machine, 1°. que fi pendant que la balle parcourt la longeur du canon pour en fortir, le canon change de

A vj

direction d'une certaine quantité qui l'éloigne du but, comme de 7 à 8 lignes, la balle doit s'éloigner de 7 à 8 pouces, en approchant de ce même but.

2°. Que la balle n'avançant point suivant la direction du canon du fusil, mais allant frapper ses côtés l'un après l'autre, elle décrit plusieurs petites lignes, dont la derniere prolongée est la tangente de la courbe que suit la balle en sortant. Ainsi l'on ne doit pas s'étonner qu'il y ait tant de variations dans les expériences jusqu'ici repetées.

3°. Que plus le canon du fusil sera long par rapport au côté du triangle équilateral sur lequel il est appuyé, plus la *déviation* sera grande, c'est-à-dire, plus la balle en sortant du canon s'écartera du but.

Je crois qu'en joignant le raisonnement aux expériences, c'est tout ce qu'on pouvoit dire de mieux sur le recul des armes à feu. Je ne parle point des objections faciles à propofer fur cette matiere. Un examen réflechi des Figures fuivantes fuffira pour réfoudre ces objections.

EXPLICATION
de la seconde Figure.

A. Encaſtrement de la culaſſe du fuſil.
B. Anneau à vis qui tient le guidon
   du fuſil, & empêche qu'il ne puiſſe s'écarter.
C. Quatre rayons de l'hexagone.
D. Moyeu de la rouë qui doit être
   garni de deux cercles & de deux
   plaques de cuivre.
E. Six verges de fer pour ſervir de
   jambes de force & aſſujettir les
   rayons.

NOTA. Il faut démonter le fût du
fuſil, & ne conſerver que le canon.
On mettra le feu à la poudre par le
moyen de l'étoupille préparée : la plus
fine ſera la meilleure. En cette opéra-
tion, le fuſil à vis eſt plus convenable
que les communs.

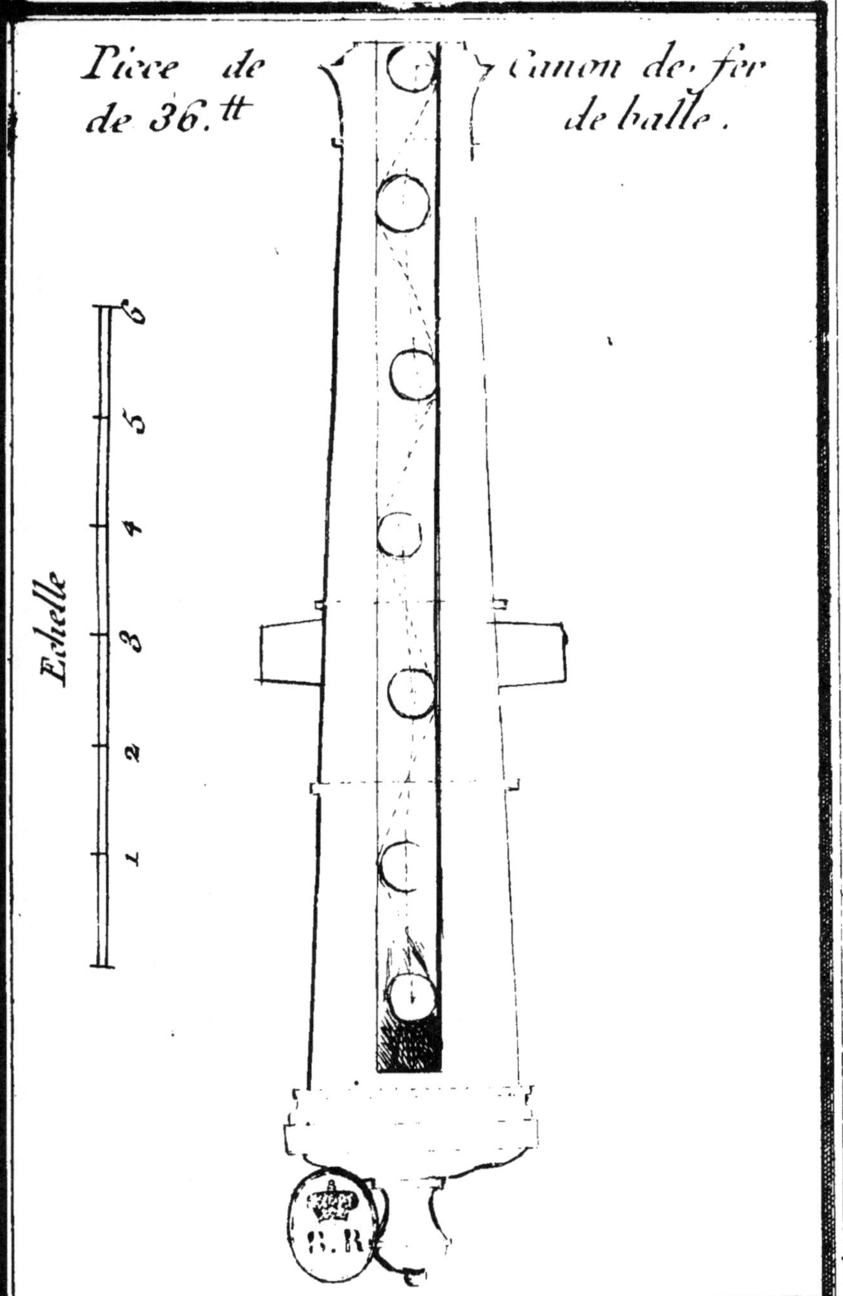
Pièce de
de 36.tt
Canon de fer
de balle.
Echelle
1 2 3 4 5 6
S.R

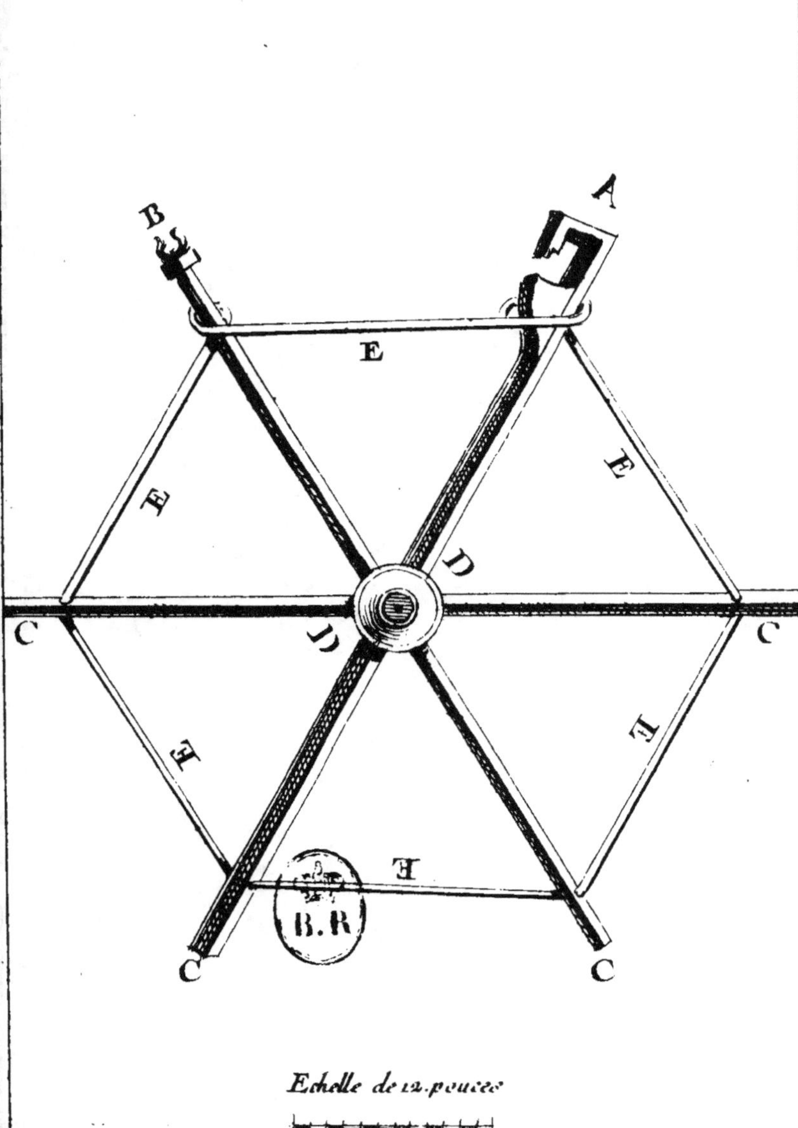
A
B
E
E
E
C
D
D
C
E
E
C
E
C
B.R
Echelle de 12 pouces

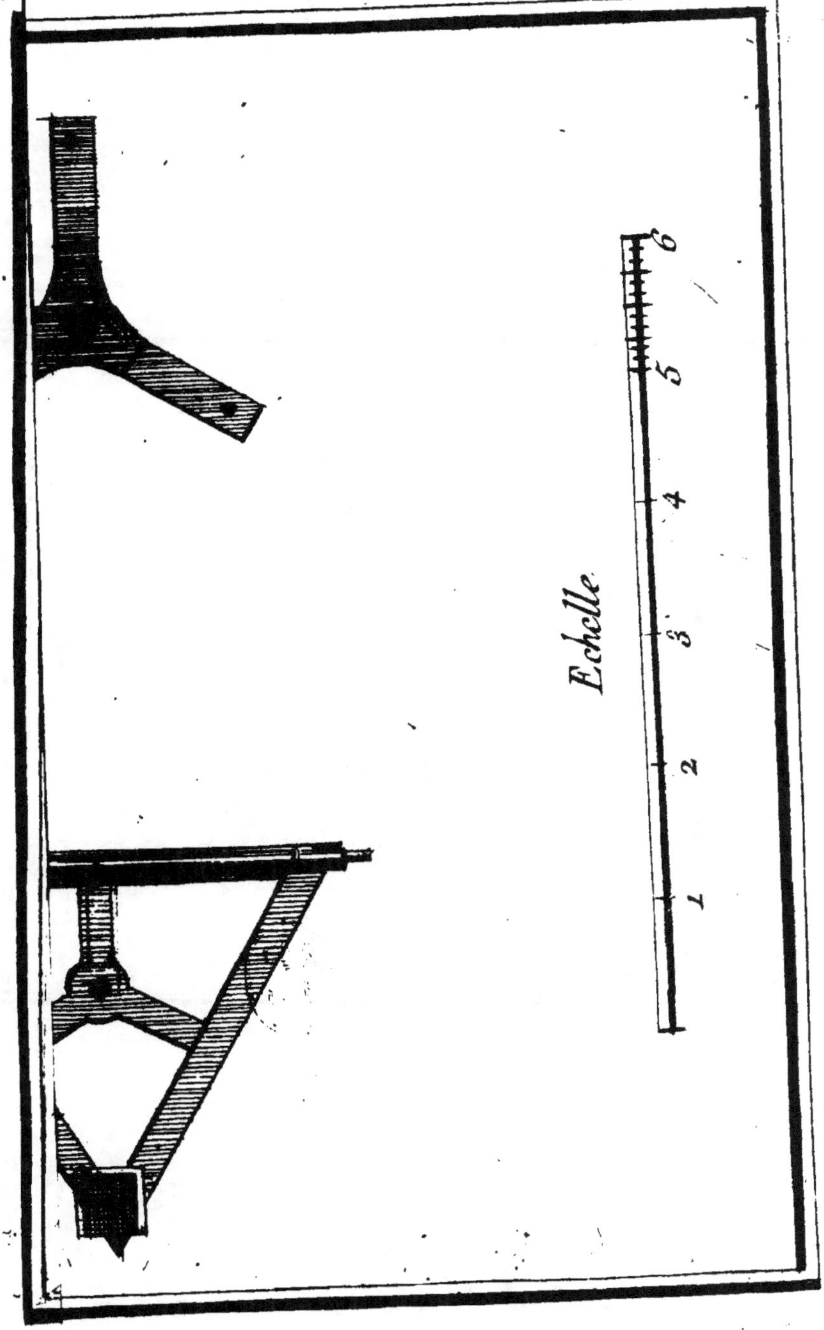

Tome II. Pag. 14.
Echelle
1 2 3 4 5 6

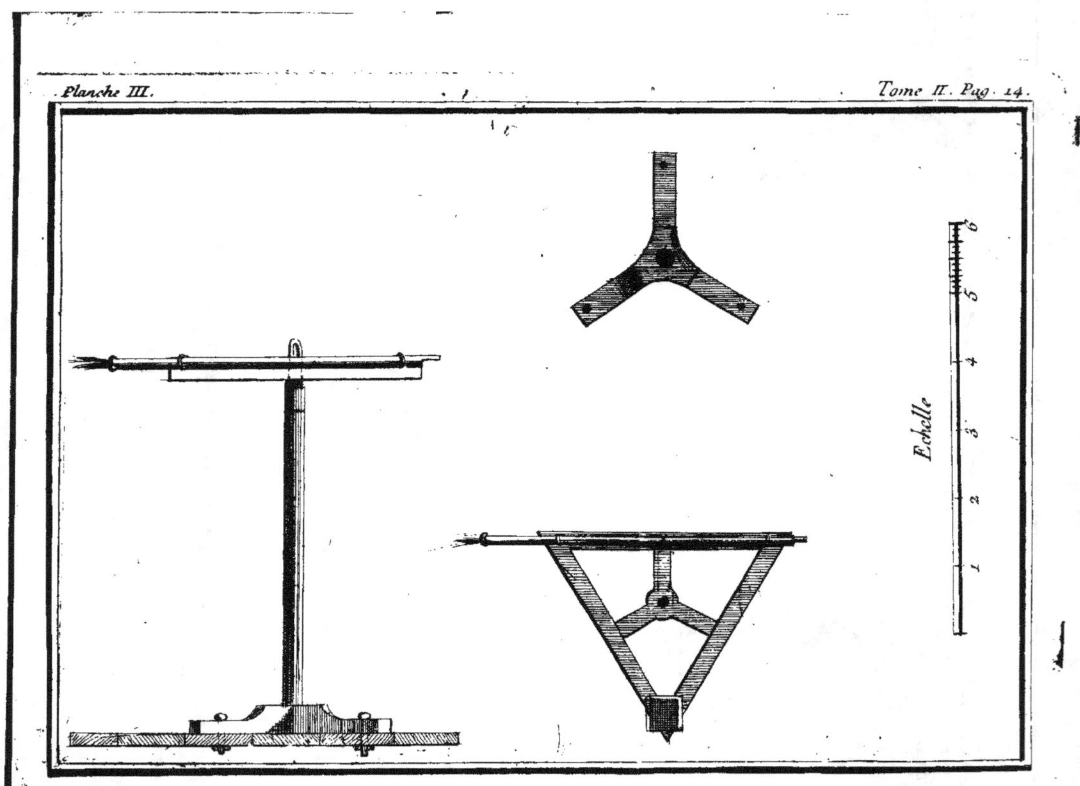

Echelle
1 2 3 4 5 6

TRAITÉ

OÙ L'ON EXPLIQUE

un paſſage curieux de Plutarque, & un point important de la manœu-vre des Vaiſſeaux.

Primus sapientiæ gradus est falsa cognoscere : secundus vera intelligere.

Lactant. de falsâ
Relig. L. 1. c. 22.

TRAITÉ

OÙ L'ON EXAMINE

un paſſage curieux de Plutarque, & un point important de la manœuvre des Vaiſſeaux.

PArmi les Œuvres-Mélées du judicieux Plutarque, on trouve un Traité aſſez étendu des Cauſes Naturelles, avec pluſieurs remarques &. pluſieurs expériences recueillies au ſujet de l'eau de la mer. Les unes ſont tournées avec beaucoup d'adreſſe, mais plus à la maniere d'un Hiſtorien qui raconte ce qu'il a ouï dire, que d'un Philoſophe qui diſcute ce qu'il a vu. Les autres paroiſſent obſcures, & difficiles à croire. Entre ces dernieres, j'en ai rencontré une qui a dû ſoulever tous les Lecteurs intelligens, & qui m'a moi-

même extrêmement furpris la premiére
fois que je l'ai luë.

Plutarque fait d'abord cette queftion. *Pourquoi dans les violentes tempêtes , quand on arrofe d'huile la furface
de la mer , s'appaife-t'elle tout d'un coup,
devient-elle unie & tranfparente ?* Il re-
cherche enfuite quelle peut être la caufe d'un effet fi extraordinaire, & fi peu
attendu.

J'avouë qu'au premier coup d'œil,
cette queftion offre je ne fçai quoi d'ab-
furde & de ridicule. Un Phyficien dé-
daigneux (l'ignorance prend fouvent
le mafque & l'air du dédain) eft prefque tenté de la mettre au rang des Fa-
bles. Cependant à l'examiner de près,
on découvre dans la Navigation quelques ufages qui y ont rapport, & que
perfonne n'a encore expliqués. Peut-
être me fçaura-t'on gré d'entrer ici
dans un détail, qui n'eft guéres connu
que de ceux qui fe roidiffant contre
les dangers, vont à la pêche des Moruës & des Baleines. Voici le fait. Je
m'étendrai le moins que je pourrai.

Quand un navire à la mer eft attaqué
par un vent forcé & très-violent , il n'a

que deux (1) manœuvres à faire. L'une
eſt de ſerrer toutes les voiles, & demeu-
rant ainſi à mâts & à cordes, de pré-
ſenter le côté au vent. Dans cette ſituation, le navire avance aſſez pour
éviter la plus grande partie des coups
de mer : & comme ſes deux côtés ſont
paralléles l'un à l'autre, & ſolidement
attachés par le moyen des baux & des
courbes, ſoit de fer, ſoit de bois, on
peut regarder ce navire comme une
ſimple muraille, que le vent pouſſe
avec d'autant plus de force que ſa ſurface eſt plus grande. Car pour la re-
ſiſtance de l'eau de la mer, elle doit
être comptée pour peu de choſe. En

(1) Pour donner une idée plus préciſe de
ces deux manœuvres, je rapporte à la fin de
ce Traité, celle que fit M. le Duc de Mortemart pendant la tempête qu'il eſſuya en
1687. & après laquelle il revint à la Cour,
pour en rendre compte au feu Roi Louis XIV.
qui admira ſon courage. L'hiſtoire de cette
tempête eſt un des plus curieux morceaux
qui appartienne à l'Hiſtoire générale de la
Marine. Peu de perſonnes la ſçavent aujour-
d'hui dans le détail où je la raconte. J'eſpé-
re qu'on me pardonnera d'avoir ſcrupuleu-
ſement employé les termes du métier.

effet, plus la mer eſt muë & ſoulevée, plus elle ſe laiſſe diviſer facilement, plus le navire fait de chemin.

L'autre manœuvre a quelque choſe qui frappe davantage : mais elle eſt en même tems plus délicate & plus épineuſe dans l'exécution. Il s'agit de faire vent arriere avec la miſaine ſeule ou la grande voile, dont on aura eu ſoin de prendre auparavant les ris. Dans ce cas, il y a deux précautions indiſpenſables à obſerver : la premiere que cette voile faſſe toujours des angles droits avec la quille du navire ; & la ſeconde que le gouvernail ſoit aſſujetti de maniere que la route ne puiſſe point changer. De-là ſur-tout dépend la ſûreté du navire, qui ſe trouve dans un péril éminent.

Cela étant poſé, je vais rendre raiſon de cette double manœuvre.

Quand un vaiſſeau eſt aſſailli d'un coup de vent, tel que je viens de le repréſenter : ce qu'il a le plus à craindre, ce ſont les coups de mer qui, ſe dépliant avec violence & ſe ſuccédant rapidement les uns aux autres, pourroient enfoncer à la fin ou ſon arcaſſe

ou un de ſes côtés. De pareils accidens
ſont arrivés en pluſieurs occaſions , &
de ma connoiſſance au vaiſſeau du Roi
l'Eliſabeth revenant de l'Iſle-Royale ,
& à la flutte l'Elephant revenant de
Saint Domingue. Il y eût plus de ſoixante & dix hommes noyés , ou bleſ-
ſés mortellement. La ſeule maniére d'é-
viter de ſi triſtes accidens , c'eſt de faire enſorte que le vaiſſeau ſoit toujours
ſuivi d'une mer battuë , & non d'une
mer neuve.

Je donne le nom de battuë à la mer
par deſſus laquelle le navire a paſſé , &
qui retient encore la trace de ſon cours.
Cette mer eſt blanchâtre , pleine d'é-
cumes , & comme applanie. On l'appelle autrement l'eau ou le ſillage du
navire : & ce ſillage eſt d'autant plus
remarquable , que le navire eſt plus
peſant & plus enfoncé dans la mer. Cette explication ſuffit pour faire connoître ce que c'eſt qu'une mer neuve , une
mer qui , pour ainſi dire , n'a point encore été domptée.

Or un vaiſſeau qui eſt pourſuivi par
un vent forcé & dont la violonce augmente à chaque inſtant , doit toujours

mettre après lui une mer battuë , une mer qu'il s'eſt lui-même ſoumiſe & comme renduë propre , par ſon poids & par les efforts redoublés qu'il a faits en marchant. Ce qui ne peut arriver que par les deux manœuvres que je viens de propoſer : la premiere , lorſque le vaiſſeau préſente le côté au vent & que ſon ſillage eſt égal à toute ſa longueur ; la ſeconde, lorſqu'il fait vent arriere & que ſon ſillage eſt juſtement égal à ſa largeur.

Cette derniere manœuvre eſt certainement la plus difficile dans la pratique , parce qu'il faut gouverner avec une grande juſteſſe. Un coup de gouvernail donné mal à propos , retire le navire de ſon eau & l'expoſe à toute la violence d'une mer neuve. C'eſt ce qui a été éprouvé par des Navigateurs ou peu habiles ou peu précautionnés. L'un & l'autre de ces défauts cauſent à peu près les mêmes diſgraces & les mêmes accidens à la mer. Tout y eſt plein de riſques & de périls : & ſans une attention continuelle, on feroit infailliblement naufrage. La mort eſt toujours prochaine.

Il y a cependant des cas où l'on ne peut point fe fervir des deux manœuvres précédentes : & ces cas arrivent fouvent aux petits navires qui vont dans le Nord à la pêche des Baleines , ou fur le banc de Terre-Neuve à celle des Moruës. Quand une fois ils ont commencé leur pêche , ils ne peuvent la quitter ni la furfeoir , fans un dommage confidérable & fans s'incommoder les uns les autres ; ils ne peuvent changer de route ou mettre l'amurre à leur gré de basbord à ftribord , fans tomber dans la confufion & s'expofer à des chocs mutuels : & alors , quand ils font furpris par quelque coup de vent plus fort qu'à l'ordinaire , voici le feul expédient auquel ils ont recours. On laiffe écouler par un fabord de l'arriere une certaine quantité d'huile , prefque à fleur d'eau. Cette huile s'étend en un moment, forme une efpéce de nappe autour de chaque navire , produit enfin ou femble produire le même effet que fi toute la mer, dont il eft environné , avoit été battuë.

Cet ufage eft très-ancien dans la navigation : plufieurs cependant ne l'ob-

servent point, comme les Anglois. Ce
qui y a donné lieu, à mon avis, c'est la
remarque suivante.

Dans le tems que le Poisson fraye,
quelque vent qu'il fasse, la mer n'est
presque pas agitée ou l'est beaucoup
moins que dans les autres tems. On en
attribuë la cause à la grande quantité
de fray qui nage sur sa surface, & qui
venant à se corrompre, produit insen-
siblement une matiere grasse & huileu-
se, dont le principal effet est de rendre cette surface calme & unie. Comme la fécondité des Poissons est incom-
prehensible, & qu'elle surpasse tout ce
qui peut s'en imaginer, il n'est pas étonnant qu'une grande partie des œufs &
de ce qu'on nomme sur les différentes
côtes Fretin, Blacquet, Melie, Manne
& Menusse, se perde & se détruise. Tout
cela détrempé par l'eau de la mer &
amolli par les rayons du Soleil, se répand de proche en proche, & cause
une altération générale. On s'apperçoit
alors que l'eau de la mer est trouble,
visqueuse, & qu'elle file comme de
l'huile.

Pendant les mois que cette matiere
étrangere

étrangere flotte & furnage, qu'elle fe
conferve liée enfemble, la mer paroît
toujours applanie & tranquille. On y
éprouve cependant des coups de vent
auffi furieux, qu'en toute autre faifon.
Tel eft celui de l'Equinoxe (1) du Printems, celui de la fête de Saint Jean,
celui de la fête de Saint Laurent &c.
Car l'expérience a appris que ces Fêtes
font toujours précédées ou fuivies de
quelque ouragan, ou de quelque coup
de vent qui en moins de vingt-quatre
heures fait tout le tour du compas : ce
qui dure plufieurs jours de fuite. Les
Navigateurs prévenus ne manquent
point de prendre alors leurs précautions.

(1) Pour bien écrire l'Hiftoire de la Marine, il faut donner des rélations exactes des
coups de vent qui ont regné en certaines faifons, & qui ont caufé des naufrages confidérables fur nos Côtes : c'eft ce que j'ai tâché
de faire dans mon Hiftoire, qui ne paroîtra,
felon les apparences, que quand la Marine
aura repris fon ancien luftre. A l'égard du
coup de vent de l'Equinoxe du printems, on
a remarqué que quand il étoit accompagné
d'éclairs & de tonnerres, on avoit toujours
un mauvaife année.

Tome II. B

La plûpart des faits que j'ai rapportés jufqu'ici , font fondés fur l'expérience : & l'on peut en général fe con-
fier à ce que difent les gens de mer,
à caufe des périls & des hazards où les
expoferoit le plus petit mécompte. Mais
la raifon de ces faits ne fe découvre
point fi aifément. Tout ce que j'en puis
dire , c'eft qu'outre les vents , il faut
encore admettre quelque caufe intérieure , comme des Volcans, des feux fou-
terrains , qui faffe foûlever les eaux de
la mer. On la voit quelquefois s'enfler &
fe heriffer en montagnes, qu'il n'y a
encore qu'un leger fouffle de vent : &
il eft même plufieurs jours (1) à acquérir la violence où il doit fe porter.
Quelquefois auffi la furface de la mer

(1) Quelques-uns de nos auteurs fans connoiffance de caufe , appellent Zéphir ce leger
fouffle de vent qui régne quelquefois fur la
mer. A ce fujet , je rapporterai un mot du
grand Du-Quefne qui demandoit à un Officier de quart où étoient les vents. Tout eft
calme , lui répondît l'Officier. Il n'y a que
des Zéphirs qui fe jouënt legérement fur la
mer. Des Zéphirs, Monfieur , reprît brufquement Du-Quefne. Apprenez que les Zéphirs
font des . . . . fur mer.

eſt à peine muë & agitée, qu'il fait
des coups de vent terribles, que tout
l'air eſt dans un frémiſſement qui ne
peut ſe décrire. Les Navigateurs ne
ſont point étonnés de toutes ces bizar-
reries : ils y ſont accoutumés de longue-
main, & dès leur premiére jeuneſſe.
Mais les Phyſiciens les doivent regarder comme un des plus ſurprenans
effets de la nature, & celui peut-être
auquel on a fait le (1) moins d'attention.

(1) Je ne parlerai ici que de deux évenemens
conſidérables, rapportés dans toutes les Nouvelles publiques avec de longs détails. L'un
regarde le ſoulevement des eaux arrivé ſans
aucun ſouffle de vent, au Port de Marſeille
le 29 Juin 1725. & l'autre un pareil ſoulevement arrivé au Port du Callao le 29. Octobre 1746. Ce Port eſt ſitué à deux lieuës de
Lima dans le Pérou. L'agitation extraordinaire des eaux de la mer fût accompagnée d'un
tremblement de terre, qui renverſa preſque
toute la Ville.

HISTOIRE DU COUP
de Vent arrivé le premier Janvier 1687. qu'on nomme dans la Marine le coup de Vent de M. le Duc de Mortemart, avec le détail des accidens qu'essuya son escadre.

MONSIEUR le Duc de Mortemart partît en 1686. de Toulon avec dix-sept vaisseaux de guerre, & fût moüiller à la grande rade de Cadix, où il trouva M. le Maréchal d'Etrées qui avoit vingt-trois vaisseaux, de maniere que ces deux escadres réünies formerent une flotte de 40. navires de ligne, sans compter les bâtimens interrompus.

Après avoir été environ un mois à l'ancre dans cette rade, M. le Maréchal s'en retourna avec les vaisseaux

qu'il avoit amenés, & regagna heureufement les ports de Ponant. Pour M. le
Duc de Mortemart, il rentra dans la
Mediterranée avec les dix-fept vaiffeaux qui étoient à fes ordres. Quand
on fût par le travers du Cap de Gatte,
M. le Duc prît la route d'Alger avec
cinq navires, qui étoient le Magnifique
à trois ponts commandé par lui-même,
le Ferme par le Marquis d'Amfreville
Chef d'efcadre, le Cheval-Marin par
M. du Chalar, le Vigilant par le Chevalier du Palais-Digoine, & l'Aventurier par M. d'Aligre. Les autres vaiffeaux fous le commandement de M. le
Chevalier de Tourville, firent route
pour Toulon. Il étoit alors Lieutenant
Général.

M. le Duc de Mortemart fût d'abord
moüiller à Alger, enfuite à Tunis & à
Tripoly. Comme il fe préparoit à lever
l'ancre, il reçût par une tartane qu'on
lui avoit dépêchée de Toulon, des lettres de la Cour avec ordre de retour-
ner à Cadix. Il appareilla fur le champ,
& vint moüiller dans la grande rade de
cette Ville & peu de jours après devant
la Ville elle-même, où il refta jufqu'au

cinquiéme Décembre qu'il fît tout difpo-
fer pour fon retour à Toulon. Comme
il vouloit entrer dans le détroit de Gibraltar, un grand vent d'Eft le retint
huit jours fans qu'il pût le paffer, & l'o-
bligea de moüiller fous le Cap Spartel.
Ayant enfin paffé ce détroit, il eût affez
beau tems jufqu'au 31. au foir du même mois, qu'il fe trouva par le travers
du Cap Rofe qui eft à l'entrée du Golfe
de Lion.

A minuit, il s'éleva un vent de Nord-
Oüeft fi violent, qu'on fût contraint de
ferrer les huniers : & même on ne pût
tenir aux baffes voiles. Ce qui obligea
M. le Duc à faire vent arriere avec la
mifaine feule. Le lendemain qui étoit le
premier Janvier 1687. fur le midi, on
ordonna de la carguer, parce qu'on faifoit trop de chemin. Mais à-peine eût-
on largué environ un pied des écontes,
que la voile alla en lambeaux : & il fallût pour la defenverguer, amener la vergue précipitamment. Il fallût auffi amener la grande vergue dont la voile avoit
été mangée par le vent, quoiqu'on l'eût
ferrée autant qu'il fe pouvoit dans un
pareil cas : de maniere qu'on alloit à-

fec, les deux grandes vergues amenées
sur le pont. En cet état pourtant, les Pilotes eſtimoient qu'on faiſoit cinq lieuës
par heure. Sur le ſoir, ils demanderent
qu'on mît à la cape à l'artimon, les ris
pris, en diſant qu'on n'avoit pas de l'eau
à courir pour la nuit, & qu'on alloit ſe
perdre vers le milieu de la Sardaigne.
Il eſt à remarquer qu'on ne pouvoit faire que le Sud-Eſt juſte. Pour peu qu'on
eût pris à ſtribord ou à baſbord, la mer
auroit englouti le navire. Elle étoit ſi
haute qu'on ne pouvoit voir le bout de
la vague : joint à cela que l'*eſpout* de la
mer (1) formoit comme un gros brouil-
lard. Vers minuit les Pilotes dirent pour
la ſeconde fois à M. le Duc de Mortemart que tout étoit perdu ſans reſſource, ſi l'on ne mettoit à la cape à l'artimon : ce qui fût executé, quelque danger qu'il y eût à faire cette manœuvre.

(1) L'*Eſpout* de la mer eſt cette pluye d'eau
extrêmement fine que le vent occaſionne, en
frappant violemment contre les vagues de la
mer. Le terme d'*eſpout* n'eſt guéres connu que
dans la Méditerranée. Il vient du mot Pro-
vençal, *eſpouſſete*, lequel ſignifie la broſſe dont
ſe ſert un domeſtique pour vergeter un habit
& pour en éparpiller la pouſſiere. Les Anglois
appellent *Water-ſpout* toute eau jailliſſante.

Tout le monde crût que les mâts al-
loient tomber, prenant de l'eau des
deux bords par les grands roulis : mais le
vaiſſeau ſe ſoûtint encore aſſez bien. On
permìt alors à l'équipage de faire un
vœu ; ce qui lui avoit été refuſé juſqu'à
ce moment : & peu après, on apperçût
le feu Saint Elme deſſus les mâts. Pendant le jour, on avoit mis la ſeconde
batterie en dedans pour fermer les man-
telets, la mer ayant briſé tous les faux-ſa-
bords dans la premiere heure de la tempête. Cette manœuvre ne pût ſe faire,
ſans de grands riſques : mais elle étoit
abſolument néceſſaire, l'eau entrant par
les ſabords avant qu'on les eût fermés,
à faire couler bas le navire.

A la pointe du jour qui étoit le 2.
Janvier, l'Iſle de Sardaigne parût à découvert : & l'on ſe trouva fort près de
terre. Comme le vent avoit conſidérablement diminué, on envergua les voiles de rechange. Pour les vergues, il
fallût les hiſſer à force de bras & beaucoup de retours de caliornes & de pa-
lans : car on ne pouvoit virer au cabe-
ſtan, parce que la ſeconde batterie étant
dedans le navire, les canons le tou-
choient preſque. On ne hiſſa pas même

ces vergues auſſi haut qu'elles devoient
l'être. On mit les huniers avec les deux
ris pris, les vergues ſur le ton, pour ſe
relever de la terre. Le ſoir, on moüilla
dans le golfe de Palme.

M. le Duc croyoit tous les autres
vaiſſeaux péris, corps & biens. Mais il
apprit le lendemain que l'Aventurier
avoit gagné les Iſles de Saint Pierre fort
maltraité, ayant eu un coup de mer en
avant à baſbord qui lui avoit enlevé ſes
porte-aubans, jetté à la mer deux de
ſes canons du gaillard à ſtribord, coupé
ſon mât de miſaine & ſon beaupré, &
rompu la barre du gouvernail. Le Ferme joignît le lendemain le Magnifique,
ayant penſé couler à fond d'un coup de
mer qui avoit enfoncé ſon arcaſſe, lequel on eût bien de la peine à épon-
tiller dans la Sainte-Barbe. Un ſecond
coup l'auroit abîmé, ſans aucune eſpé-
rance de s'en garentir. Le Cheval-Marin
arriva quatre jours après, coulant bas par
les voyes d'eau que les grands roulis lui
avoient occaſionnées. Ses voiles, quoique ſerrées, étoient mangées par le vent.

Après avoir reſté huit jours moüillé
dans le golfe de Palme, M. le Duc leva
l'ancre & appareilla avec les deux na-

vires qui l'avoient joint. Et comme on fortoit de ce golfe, on vît un vaiſſeau qui venoit du côté de l'Eſt. M. le Duc l'attendît : c'étoit le Vigilant qu'on croyoit perdu, & qui avoit relâché à Cagliari où il avoit fait des vivres. Du reſte il ne lui étoit rien arrivé de triſte, ni de fâcheux. On lui donna ordre d'aller aux Iſles de Saint Pierre, pour eſcorter l'Aventurier qui étoit dans un pitoyable état. Il faut obſerver ici que quand le Magnifique arriva dans le golfe de Palme, l'équipage n'avoit plus abſolument de vivres, ayant mangé du biſcuit plus d'à-moitié pourri qu'on n'avoit point voulu jetter à la mer à Cadix, & qu'on avoit renfermé dans une ſoute pour le faire voir au frauduleux Munitionnaire. Après tant de diſgraces redoublées, un haſard heureux fît trouver au fond du golfe de Palme, une barque qui venoit du Levant & qui étoit chargée de ris pour le compte du Roi. M. le Duc de Mortemart profita de ce ſecours ineſpéré pour nourrir ſon équipage, à qui il en fît donner trois fois par jour afin de le remettre de ſes fatigues, & il vint enfin moüiller à Toulon le 12. Janvier.

TRAITÉ

SUR DES ARRANGEMENS singuliers de pierres, qu'on trouve en différens endroits de l'Europe.

*Qui hominum Rempublicam ju-
vare cupiunt, duplici fermè viâ id
efficere videntur. Nam, aut novi
quid parturiunt conducibile rebus
humanis, aut jam dudum inventa
tum vetuſtate, tum incuriâ vel ſe-
pulta, vel dehoneſtata inſtaurare
invigilant.*

Franc. de Serris apud
Joh. Georg. Keyſlerum
de Antiq. Selectis Sep-
tentrion & Celticis.

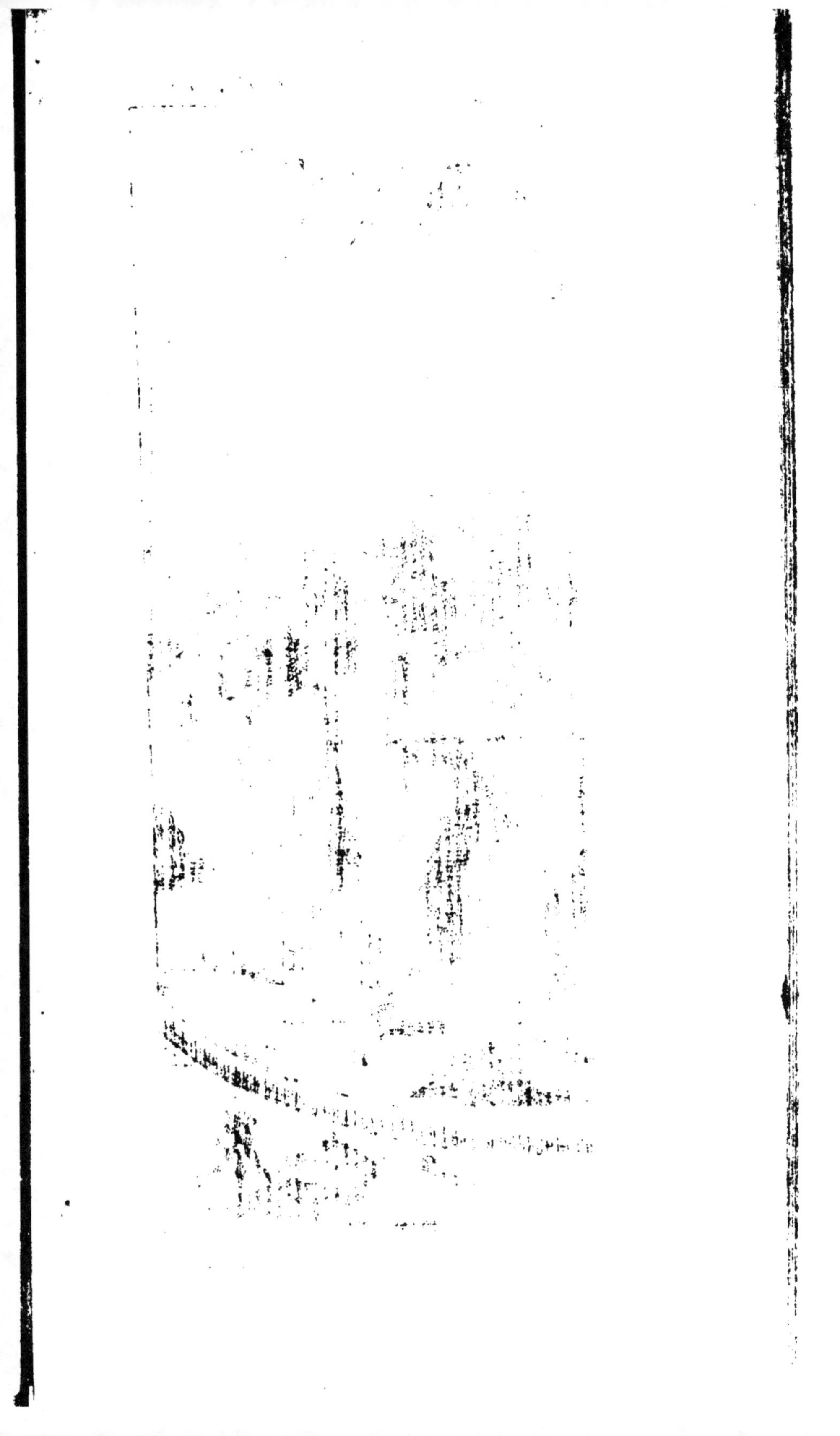

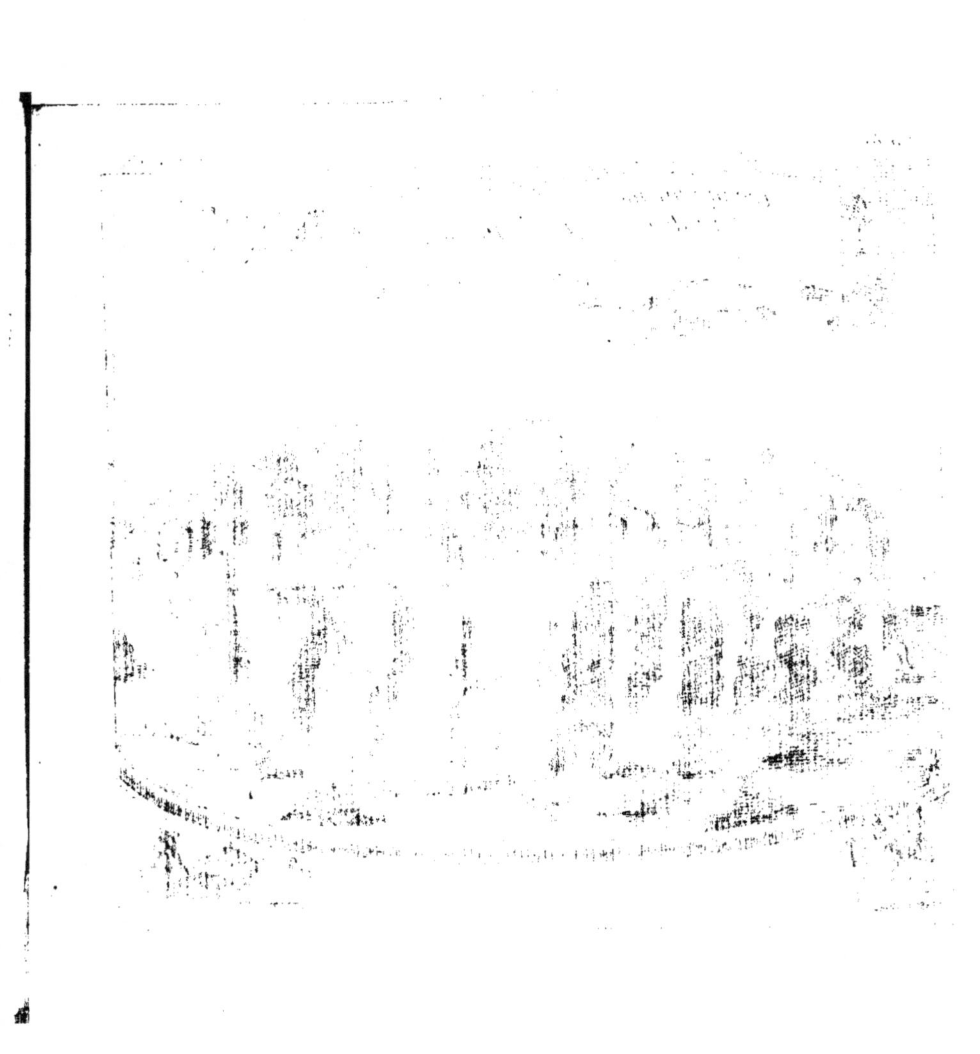

Planche IV.
Tome II. Pag. 37.
Arrangemens
Singuliers de Pierres.

Planche IV.
Arrangem
Singuli

TRAITÉ

SUR DES ARRANGEMENS

singuliers de pierres, qu'on trouve en différens endroits de l'Europe.

PARMI les anciens monumens qui nous reſtent des Celtes, des Germains & des autres peuples Septentrionaux, on remarque ſur-tout avec grande ſurpriſe l'uſage qu'ils ont fait des pierres les plus énormes, & l'eſpece de culte qu'ils leur ont rendu. Ces pierres leur ſervoient, tantôt de temples & d'autels où ils venoient faire leurs ſacrifices & adorer en commun le Ciel à quoi ils rapportoient toutes leurs Divinités; tantôt de lieux d'aſſemblée pour y conférer des affaires générales de la nation & y choiſir leurs Chefs, leurs Capitaines & leurs Rois, qu'ils plaçoient enfuite fur la plus haute de ces pierres, comme pour les donner en fpectacle & les faire reconnoître; tantôt enfin de marques frappantes d'une victoire remportée, &, fi j'ofe ainfi parler, de cimetiere guerrier où ils enterroient ceux qui avoient été tués, avec leurs chevaux, leurs armes & ce qu'ils poffédoient de plus précieux.

Chacun de ces monumens devoit avoir, & avoit fans doute un arrangement de pierres qui lui étoit propre : & la maniere dont ces pierres étoient difpofées, faifoit affez connoître pour quel fujet, & dans quelles vuës une pareille difpofition avoit été imaginée. Mais on voit aujourd'hui quelques arrangemens fi finguliers, & qui furpaffent fi fort l'induftrie & toutes les forces humaines, qu'on ne fçait à qui ni même à quoi les attribuer. Auffi les attribüoit-on, il n'y a (1) guéres qu'un fiecle, 1°. à des Géans venus d'Afri-

(1) Jean Georg. Keyfler, dans l'ouvrage qu'il a fait imprimer à Hannover fur les Antiquités choifies du Septentrion, cite les noms & les paffages des Auteurs qui ont rapporté

que, mais qu'eſt-ce que ces Géans?
quelle route avoient-ils tenuë? quel ſujet les attiroit en Europe ? 2°. A des
Sorciers, mais qu'eſt-ce que des Sorciers ? quelle force, quelle induſtrie,
quelle habileté ne devoient-ils point
avoir ? & après tout qui les auroit rendus ſi habiles, ſi induſtrieux, ſi forts ?
3°. Au Démon lui-même, mais quel
but, quel deſſein pouvoit avoir le Demon ? Fait-il quelque choſe ſans la per-
miſſion expreſſe de l'Etre ſuprême, &
Dieu à ſon tour fait-il quelque choſe

ces arrangemens ſinguliers de pierres ; les uns
à des Géans venus d'Afrique, les autres à des
Sorciers & des Enchanteurs, les autres enfin
au Démon lui-même. Surquoi je ferai une
remarque importante, c'eſt ce que tous les
peuples Orientaux, charmés ſans doute des
objets rians & agréables qu'ils voyoient dans
leur païs, appelloient tous les ouvrages extraordinaires de la Nature des ouvrages de
Dieu. Les peuples Septentrionaux au contraire, environnés de rochers, de pierres ſemées
confuſément, de ruines & de débris de montagnes, donnoient à ces mêmes ouvrages le
nom d'ouvrages du Diable. Il y en a pluſieurs
preuves répanduës & dans l'Ecriture Sainte &
dans les Auteurs prophanes.

qu'il n'ait une raison suffisante & digne de lui, pour le faire ? Il faut donc avouer naïvement que de recourir au Demon pour expliquer des effets naturels, quoique singuliers, c'est vouloir cacher son ignorance sous un masque spécieux. Il faut encore avouër que de recourir à des Sorciers, à des Enchanteurs, à des especes pareilles, c'est vouloir entretenir la credulité publique, que les gens sensés doivent plutôt chercher à diminuer, &, si cela se pouvoit, à étouffer entierement.

L'étude de la Physique doit servir à nous faire connoître par l'expérience & par une observation assiduë, les différens ouvrages de la Nature, leurs connexions & leurs entrelassemens, en un mot, les rapports finis qu'ils ont les uns avec les autres. Pour l'étude de la Theologie, elle doit nous élever d'abord à des vuës supérieures, & nous faire ensuite appercevoir ce que Dieu execute par sa volonté propre à qui tout céde, tout rend hommage, sans y employer le ministere borné des Créatures, lefquelles n'ont qu'une certaine activité & ne peuvent agir que jufqu'à un certain point.

Tout cela pofé, je dirai que dans la plus-part des Provinces maritimes du Royaume, on trouve de grands amas de pierres, quelquefois des pierres feules, qui s'attirent l'admiration des Voyageurs & fur-tout des Voyageurs, qui fçavent s'arrêter à propos. La maniere dont quelques-unes font arrangées, & la forme particuliere qui accompagne quelques-autres, donnent lieu à bien des reflexions utiles. La premiere fans contredit eft de vouloir deviner qui leur a donné & cette forme & cet arrangement. La feconde, de fe demander à foi-même fi c'eft-là un jeu de la Nature, ou une fuite de l'organifation de la Terre. J'ai vu par exemple entre Lannion & Treguier en baffe-Bretagne, une pierre qui paroît pefer 30. à 40. quintaux, & qui eft dans un tel équilibre qu'un homme d'une force mediocre peut en y touchant, la mettre en mouvement. Cette pierre d'ail-

leurs femble compofée de différens métaux , liés imperceptiblement & incorporés les uns aux autres. Car en la
frappant avec un morceau de fer poli
ou d'acier , & choififfant les endroits
où fa couleur change , elle rend des
fons analogues à ceux des métaux dont
elle femble compofée. Au refte, pour
trouver cette pierre, il faut s'écarter fur
la gauche du grand chemin & s'approcher de la mer. Elle eft affez connuë
de cette efpece de Curieux ou plûtôt
de Vifionnaires, qui va la nuit foüil-
ler dans les campagnes défertes, & fe
flatte follement d'y trouver des tréfors
cachés.

Dans cette partie de la baffe-Bretagne
où font les villes de Vannes , de Henne-
bon & d'Auray , il y a des amas de pierres furprenans & où l'art femble avoir
eu quelque part. Mais il eft comme
démontré que l'art n'y en a point eue.
Du côté d'Auray, dans une grande plaine couverte de houx & d'autres arbrif-
feaux épineux, on trouve 150. ou 180.
pierres arrangées trois à trois , dont
deux font enfoncées perpendiculairement dans la terre & la troifieme eft

par deſſus miſe de travers : ce qui forme une veritable porte. Ces pierres ont
un air brut & raboteux : mais leur arrangement uniforme n'en eſt pas moins
ſingulier. Les gens du païs preſque auſſi
raboteux & auſſi bruts que leurs pierres , nomment ces portes *Liehaven* ou
Leek-à-ven , & ils s'imaginent par une
imbecille crédulité , qu'en y allant à
certains jours marqués & y menant
leurs troupeaux , ils ſe préſerveront de
toutes ſortes de malefices.

L'Auteur de l'*Antiquité expliquée &*
repreſentée en Figures croit que c'étoient-
là des tombeaux élevés par les anciens
Celtes ou Gaulois. Mais cette conjecture me paroît peu vrai-ſemblable. En
effet, pourquoi auroit-on choiſi un lieu
ſi écarté pour y raſſembler tant de tombeaux ? L'uſage des Anciens étoit d'en
orner les grands chemins , & de les
mettre, pour ainſi dire, ſous les yeux
des paſſans. Combien de frais n'eût
point coûté le tranſport des pierres ?
Eſt-ce à bras d'hommes , ou par machines qu'on leur a donné l'arrangement. ſingulier qu'elles ont ? Comment
l'Hiſtoire n'a-t'elle point conſervé quel-

ques veftiges de ces fortes de monumens ? J'avoüe qu'elle parle d'une grande bataille qui fe donna près d'Auray
le 29. Septembre 1364. C'eft celle où
Charles de Blois fût tué, où Bertrand
du Guefclin qui commandoit fous lui
fût fait prifonnier, & où le Comte de
Montfort refta paifible poffeffeur du
Duché de Bretagne. Mais outre que
cette bataille fe donna prefque aux
portes d'Auray, on fonge moins pendant le feu des guerres civiles à élever des monumens, qu'à cacher fa propre victoire toujours honteufe. Auffi
les armées de ces deux illuftres Rivaux
furent fouvent en préfence l'une de
l'autre, fans ofer combattre. Les amis,
quoiqu'engagés dans des partis contraires, trouvoient les moyens de ménager quelque trêve.

Je crois avec plus de raifon, ce me
femble, que ces pierres font une fuite
& un effet des bouleverfemens que la
terre a foufferts par ce grand nombre
de déluges, de tremblemens, d'inondations & d'incendies dont toute fa
furface a été defigurée ; bouleverfemens qui font encore plus remarquables

dans les Provinces maritimes que dans les autres : & ce qu'on s'imagine y appercevoir de regulier , doit être non seulement confondu dans le nombre infini de combinaisons irregulieres que produit le mouvement, mais en faire encore partie (1).

Effectivement , quelle que soit sa cause & quels que soient ses effets ; il est certain que le mouvement peut produire des varietés sans nombre ; & parmi ces varietés, en produire de regulieres & d'irregulieres. Ainsi, l'on

(1) Les bouleverfemens & les horribles blessures que la terre a soufferts par le déluge universel , son centre de gravité changé , ses poles, l'un élevé & l'autre abbaissé : tout cela a été énergiquement décrit par Thomas Burnet dans sa *Theoria Sacra Telluris : ubi sunt* , dit-il franchement , *multa superflua , multaque inelegantia.* Il a parlé aussi énergiquement de la derniere cataltrophe que la terre doit essuyer, & qui n'épargnant aucune de ses parties, la doit consumer sans retour C'est le feu. Après quoi viendront une nouvelle terre , & de nouveaux Cieux. Mais toutes ces idées feroient ici déplacées. Il faut les lire dans Burnet lui-même , soûtenuës de ses réflexions & appuyées des différens passages qu'il rapporte.

ne doit pas être plus surpris de voir des pierres arrangées trois à trois, ou arrangées six à six, que de voir des pierres semées confusément, ou accumulées les unes sur les autres : comme on n'est pas surpris, en jettant un certain nombre de fois trois dez ensemble sur une table, d'amener un certain nombre de rafles comptées. On sçait même, en déterminant le nombre des coups de dez & le nombre des rafles ; on sçait, dis-je combien il y a à parier qu'on les amenera ou qu'on ne les amenera point. Le calcul en est connu, & l'on peut lire sur cela l'ouvrage intitulé, *De Mensurâ sortis seu de probabilitate eventuum in Ludis à casu fortuito pendentibus*, & inséré dans les Transactions Philosophiques num. 329. L'auteur de cet ouvrage est feu M. Abr. de Moivre.

De tous les Royaumes de l'Europe, l'Angleterre est celui qui abonde en ces sortes de monumens. Le plus considérable & le plus singulier de tous est le monument, que les Curieux &

les Naturaliſtes vont voir & même admirer environ à deux lieues de Saliſbury, dans le Comté de Wiltshire : monument que dans le païs on nomme *Stone-Henge*, & que quelques Auteurs anciens nommoient (1) *Chorea Gigantum*. Voici quelle eſt ſa forme. Des pierres brutes, inégales, & non polies en aucun ſens, compoſent deux enceintes preſque circulaires, entre leſquelles ſe trouvent des eſpeces de pyramides de différentes groſſeurs & de différentes hauteurs. Ces pierres ſont arrangées trois à trois, à diſtances preſque égales les unes des autres, & elles

---

(1) Voyez le Livre intitulé : *Chorea Gigantum*, or the moſt famous antiquity of Great-Britain, vulgarly called Stone-Henge, Standing on Saliſbury Plain, reſtored to the Danes by Walter Charleton Dr. in Phyſic and Phyſician in ordinary to his Majeſty. London 1563. in-4°. L'auteur qui a fait un Traité *de Admirand. Hibern.* & qui devoit être certainement un Hibernois lui-même, croit que les Géans ont apporté avec eux d'Afrique les pierres qui compoſent le monument de Kildare. Quelle précaution ! Ces Géans ne croyoient pas apparemment en trouver d'auſſi groſſes dans le pays.

reſſemblent à des portes ou à des en-trées de maiſon ouvertes. Quelques-unes ſont détruites & renverſées par terre, ſans ordre.

L'enceinte intérieure contient des pierres de 20. pieds de haut, de 7. de large & de 3 & demi d'épaiſſeur. Ce ſont les latérales : celles qu'on voit au-deſſus poſées de travers, ont depuis 12. juſqu'à 16 pieds de long. L'enceinte extérieure contient des pierres plus pe-tites, mais auſſi remarquables par leur ſituation uniforme. Les latérales ont en haut des gonds, & les tranſverſales des mortoiſes qui s'emboîtent dedans, de maniére qu'on diroit qu'elles ſont ſuſ-penduës avec art. Toutes ces pierres d'ailleurs paroiſſent ſi dures qu'on ne peut les effleurer avec aucun inſtru-ment trenchant, ni leur enlever des éclats avec le meilleur marteau. Elles paroiſſent de plus ſi énormes & ſi pe-ſantes, qu'il n'y a point d'apparence qu'on ait pu tranſporter dans la plaine de Saliſbury, ni par charrois, ni à bras d'hommes, des maſſes ſi prodigieuſes. D'où viennent-elles donc ? Il me ſem-ble que pour réſoudre ce problême, il

faut

faut remonter à quelqu'une de ces étonnantes revolutions que la terre a souffertes, & qui ont causé des changemens si extraordinaires & si frappans sur toute sa surface.

Guillaume Camden, qui a recherché avec tant de soin les Antiquités de la Grande-Bretagne & qui en a parcouru jusqu'aux moindres recoins, avoit sur ces pierres une idée qui lui (1) étoit propre & que personne n'a depuis suivie. Il croyoit qu'elles avoient été faites sur le lieu même, avec du sable, de la chaux, du vitriol, enfin quelque matiere grasse & onctueuse pour lier ensemble & incorporer les autres ingrediens. Mais ce n'est-là qu'une imagination, qui n'a aucun fondement réel. Pour les desseins que le célébre Jones Inigo a donnés du monument de Salisbury, je n'en parlerai point. Il y avoit été envoyé par Jacques I. Roi d'An-

____

(1) *Vide Camdeni Descriptionem Britanniæ in Wiltoniâ, &c.* Cette Description fait une des plus curieuses parties de l'Atlas de Blaeu, & la quatriéme de celui de Janssonius imprimé à Amsterdam en 1659.

gleterre , pour l'examiner & pour en prendre les dimenſions. Mais au lieu de deſſiner le monument tel qu'il étoit , l'habile Architecte le deſſina tel que ſa grande capacité lui perſuadoit qu'il devoit étre. Ainſi Jones Inigo donna (1) quelque choſe de parfait ; mais il ne donna rien de reſſemblant. Sa tête étoit ſi remplie des belles proportions de l'Architecture, qu'il y ramenoit tout ce qu'il voyoit.

Outre le monument de Saliſbury, il y en a quelques autres en Angleterre qui méritent d'être attentivement conſidérés. Témoin celui qui eſt dans le Comté d'Oxford, & que les gens du païs appellent *Rollerich-Stones* ou pierres en rouleaux. Ces pierres reſſemblent

---

(1) Voyez l'ouvrage imprimé après ſa mort, lequel a pour titre : *The moſt notable Antiquity of Great Britain vulgarly called Stone-Heng ge on Salisbury Plain, reſtored by Inigo Jones Eſquire, Architect Generall to the late King.* London 1655. *in-fol...* Tous les deſſeins d'Inigo Jones ſont fort eſtimés en Angleterre, & ils ont été publiés l'an 1731. par les ſoins de Mylord Burlington.

én grand à ce que les Naturaliftes nomment *Orthoceras* & *Orthoceratites* : fur-
quoi il fera à propos de confulter Jean
Philippe Breynius dans fa Differtation
Phyfique *de Polythalamiis*, ou des Animaux cruftacés qui en groffiffant, fe
préparent de nouveaux logemens con-
tigus les uns aux autres. Témoin encore les deux monumens qui font à une
lieuë & demie de Briftol, mais que le
tems a détruits. Non loin de ces ruïnes,
fe voyent deux maffes prodigieufes que
quelques-uns appellent *King and Queen-
Stolen*, les fiéges du Roi & de la Rei-
ne, & quelques autres *The Parfon and
Clerk*, le Curé & fon Clerc. Une fi
folle dénomination fuppofe une origine plus folle encore. Je vais la rapporter. Un Curé voifin de Briftol ayant
quitté avec fon Clerc la paroiffe qui lui
étoit confiée, un jour de Dimanche,
& ayant négligé de dire la Meffe pour
aller dans la plaine voir des gens qui
danfoient au fon des inftrumens : auffi-
tôt le ciel s'obfcurcît & tout fût tranf-
mué en pierres, le Curé, fon Clerc,
les Danfeurs, les Muficiens. Apparemment que notre fiecle eft trop Philo-

fophe , pour voir jamais de !pareilles
tranfmutations.

Qu'on paffe maintenant en Allemagne & dans la Scandinavie, on y trouvera des amas de pierres fortuitement
arrangées , mais d'une façon qui n'eft
pas moins remarquable qu'en Angleterre. Et ce font, je crois, ces arrangemens finguliers qui ont infpiré aux
habitans des païs du Nord , & le ref-
pect qu'ils avoient pour les pierres, &
l'efpece de culte qu'ils leur rendoient.
Ces habitans à peine éclairés de la lumiére naturelle , avoient une idée fi
imparfaite & fi mince de la Divinité
qu'ils la regardoient comme répanduë
fur tous les objets qui leur paroiffoient
nouveaux & extraordinaires , fur tous
les ouvrages de la Nature qu'ils n'a-
voient pas coûtume de voir. Les pierres d'ailleurs leur fervoient, pour ainfi
dire, de Bibliotheque : & ils y gravoient
en caractéres Ruffes ou Gothiques tous
les événemens qu'ils vouloient conferver à la poftérité. Auffi les Auteurs qui
fe font plûs à déchiffrer les Antiquités

Septentrionales, conviennent-ils naïvement qu'ils ont été obligés de recourir aux pierres & aux rochers des païs dont ils cherchoient à éclaircir les origines : ce qui les avoit jettés dans une étude aussi pénible pour le corps, que peu satisfaisante pour l'esprit.

On a observé en Allemagne que les monumens de pierres y ont cela de particulier, que les plus petites sont à la base & les plus grosses au sommet de ces monumens élevés de plusieurs pieds au-dessus de la surface de la terre ; & on en a conclu que de pareils arrangemens ne pouvoient être de mains d'hommes, mais qu'ils étoient un effet du hazard, ou plûtôt une suite de quelques-unes de ces révolutions que la terre a souffertes. Car, si les hommes avoient travaillé à ces arrangemens, ils en auroient sans doute fortifié la base par les pierres les plus grosses, & auroient mis les plus petites au sommet : conformément aux premieres régles de l'Art de bâtir. Dans l'Evêché de Munster, au lieu nommé *Hummeling*, il y a une pierre si grosse posée comme en l'air sur d'autres plus petites, qu'on as-

C iij

fûre qu'un troupeau de cent moutons pourroit s'y mettre à couvert de la pluye. Quel deffein auroit-on eu , en élevant cette pierre énorme? Quelle utilité en pouvoit-on tirer? Quel profit en pouvoit-il revenir?

Je ne m'arrêterai point fur cette matiere plus long-tems. Les détails à la fin deviennent ennuyeux en Phyfique : & le public qui veut bien être inftruit, fe refufe à une pefante répétition des mêmes Phénoménes. Je dirai feulement que la croute extérieure de la terre ayant été fracaffée par une longue fuite de déluges, d'incendies, d'affaiffemens de terres, de tremblemens, de fubites éruptions de feux foûterrains : je dirai qu'il n'eft pas étonnant qu'on ne trouve prefque par tout que des débris, des ruïnes, des décombres, des matiéres ou difperfées fans ordre ou entaffées les unes fur les autres, des corps raffemblés pêle-mêle, des pierres finguliérement arrangées : il n'eft pas encore étonnant que tous les lits où font incorporés les métaux & les minéraux,

foyent rompus & déplacés, qu'ils faffent des angles inégaux avec l'Horizon ;
qu'il y ait autant de cavernes profon-
des, d'abymes impénétrables, de crevaffes par où s'exhalent des odeurs mortelles, qu'il y a de hautes montagnes
& dont le fommet fe perd dans les
nuës, de rochers efcarpés & fur lefquels on ne peut grimper, de volcans
qui vomiffent avec horreur du feu ;
que toutes les mers foyent remplies de
bas-fonds, de tourbillons d'eau, de
bancs de fable, d'écueils & d'amas de
pierres formidables aux Navigateurs,
d'Ifles femées confufément, les unes
fertiles & habitées, les autres d'un ac-
cès très-rude & propre feulement à
fervir de retraite aux animaux les plus
féroces ; enfin, qu'il n'y ait aucune partie de la terre, petite ou grande, qui
ne foit d'une figure irréguliére & où
l'on n'apperçoive des veftiges de quelques-uns des dérangemens qu'elle a
foufferts. Cependant la terre elle-même
eft un corps organique. Et pourroit-
elle fubfifter fans cela ?

J'ajouterai à ce que je viens de dire
que pour bien expliquer les affections

générales & les phénoménes particuliers
de la terre , il faut néceſſairement recourir au feu central , tantôt plus , tantôt moins allumé , lequel agit de dedans en dehors comme le Soleil qui eſt
le veritable feu de la Nature , agit de
dehors en dedans. Ce Soleil central , ſi
je puis l'appeller ainſi, ſe manifeſte de
pluſieurs manieres, 1°. en développant
& aiguiſant les ſels répandus dans tout
le globe de la terre & qui ſont propres
à la fertiliſer ; 2°. en animant les ſe-
mences métalliques & minérales & les
rapprochant les unes des autres en ſorte qu'elles forment les différens métaux
& minéraux utiles au genre humain ;
3°. en entretenant l'eſprit de vie ou
cette chaleur douce & bienfaiſante dont
la terre doit être toujours impregnée :
ſans quoi elle tomberoit dans un eſpece d'engourdiſſement ou de non-action,
qui cauſeroit une ſtérilité générale &
enfin ſa perte entiere. Les Volcans ou
les montagnes *ignivomes* dont le nombre augmente ou diminuë ; ſuivant le
rapport des Voyageurs, me paroiſſent
être les ſoûpiraux & les ouvertures ex-
térieures par où s'échappe une partie

du feu central, quand il eſt trop allumé. Ce feu paſſe par différentes branches ou différens tuyaux, qui ſervent
d'un côté à entretenir les fontaines
thermales ou chaudes, ſi ſalutaires pour
tant de maladies, & de l'autre à cuire
les métaux imparfaits & à les mener
doucement à leur point de maturité.
Tels ſont les effets ordinaires du feu
central, qu'on peut regarder comme
l'ame vivifiante de la terre. C'eſt lui encore qui a donné (1) naiſſance à la plûpart des Iſles dont la mer eſt parſe-

(1) On diſtingue trois ſortes d'Iſles : 1°. celles qui ſont des détachemens de la terre-fer-
me, des appendices des côtes maritimes à qui
elles tenoient, ou par quelques files de rochers, ou par quelques langues de terre que
la mer a minées inſenſiblement ; en ſorte que
toutes ces Iſles ont été preſqu'Iſles auparavant : 2°. celles qui ſont ſorties du ſein même des eaux, & qui doivent leur naiſſance
à des mouvemens extraordinaires cauſés par le
feu central, lequel a pouſſé du fond de la mer
juſqu'à ſa ſurface, pluſieurs monceaux de terre
qui ont été liés enſuite & agglutinés enſemble.
Ces Iſles ſe trouvent à une très-grande diſtance
de toute terre. Pindare les appelloit les filles de
la mer, le miracle immobile des eaux : 3°. celles qui ſont flottantes, & qu'on voit ſur dif-

mée , en détachant les terres qui formoient fon fond & les élevant jufqu'à fa furface , où la vifcofité de l'eau les a liées & incorporées avec les pierres qui y étoient mêlées , & leur a donné un état de confiftance. Il eft même certain que plufieurs de ces Ifles , comme celles de Sainte-Hélêne , de l'Afcenfion , des Açores , des Moluques , de Banda &c. ont été au commencement de véritables Volcans : ce qui fe remarque encore par les cendres , par les pierres calcinées , par les crevaffes & les terres à-demi brûlées , dont ces Ifles font remplies.

Mais fi ce feu central contribuë aujourd'hui à entretenir l'abondance & la fanté de la terre ; il contribuëra un jour à défunir toutes fes parties , en un mot , à la diffoudre elle-même. C'eft la derniére cataftrophe qu'éprouvera la terre que nous habitons , & qui lui fera

férens lacs & différens canaux. Quoique ces Ifles n'ayent rien de fort particulier, elles ont cependant donné lieu à un Chanoine de Tournai de compofer un Livre affez curieux , intitulé : *Terra & Aqua , five Terra fluctuantes.* 1633.

commune avec les autres Planétes qui circulent autour du Soleil. Elles détruites, d'autres prendront leurs places. Car enfin si le feu en se réünissant sépare les corps, il en forme de nouveaux en se dispersant. Ainsi il y a autant de naissances que de morts, autant de morts que de renaissances. Tout vit pour mourir, & tout meurt pour revivre.

NOMS ET SITUATIONS
des principaux Volcans aujourd'hui répandus sur la terre (1).

DANS la Sicile, le mont Ætna, nommé aujourd'hui le mont Gibel, jette presque continuellement des flammes & de la fumée qu'on voit à plusieurs lieuës en mer, & même de

(1) Ce que je rapporte ici de ces Volcans, est pris en partie de la Géographie générale de Bernhard Varenius, dans laquelle il explique toutes les bizarres productions de la terre, & par une description sensée des principaux changemens arrivés à sa croûte extérieure, il en donne, pour ainsi dire, l'Histoire Physique. Cet ouvrage mériteroit bien d'être traduit en François. Et pour donner une juste idée de son contenu, je dirai que M. Newton lui a fait l'honneur d'en publier une édition corrigée à Cambridge, & de mettre son nom à la tête. M. Jurin dans une autre édition, y a ajouté plusieurs remarques nouvelles & curieuses.

l'Iſle de Malthe qui eſt éloignée de plus de 40. milles d'Allemagne de la Sicile.

Dans le Royaume de Naples, le mont Véſuve, nommé aujourd'hui *monte di Soma*, cauſe ſouvent d'horribles ravages. Mais tandis que ſon ſommet eſt brûlé & noirci par les flammes, on trouve à ſon pied & aux environs, des vignobles très-fertiles & qui excellent en vins délicats.

Dans l'Iſlande, le mont Hecla, outre les torrens de feu & les pierres enflammées qu'il vomit de tems en tems, remplit encore l'air de mille bruits éclatans & confus, qu'on prendroit volontiers pour des voix plaintives & des roulemens de chaînes : ce qui a fait croire aux groſſiers & crédules habitans du païs que c'étoit-là une des avenuës & un des ſoûpiraux de l'Enfer.

Dans l'Iſle de Java, auprès de la ville de Panarucan, s'éleva tout-à-coup en 1586. un monceau de pierres calcinées, qui jetta pendant trois jours tant d'étincelles de feu & tant de fumée que le ciel en fût obſcurci & que tous ceux qui ofoient fortir de leurs maifons, en moururent.

Dans une des Ifles de Banda très-fujettes aux tremblemens de terre, on vît dans la même année 1586. & prefque le même jour, une montagne ardente s'écrouler fous elle-même & vomir tant de matiéres combuftibles, que le Fort des Hollandois qui en étoit proche, fût comme enféveli fous ces matiéres qui fe répandoient par-tout. La mer des environs boüillonna long-tems, & tous les poiffons périrent.

Dans l'Ifle de Ternate, la principale des Moluques, fe trouve une montagne fort efcarpée dont le fommet fe cache dans les nuës, & dont le pied eft chargé des plus beaux arbres fruitiers. Tous les ans, vers les deux équinoxes, foufflent des vents de Nord qui annoncent que la montagne va s'enflammer. Le peuple averti prend fes précautions: & dès que l'incendie eft paffé, il grimpe, en fe foûtenant avec des coins de fer, fur cette montagne, pour ramaffer de gros morceaux d'un foufre très-rafiné & très-pur, qu'il vend enfuite aux Efpagnols.

Dans l'Iſle de Sumatra, dans les Iſles Philippines & dans celles du Japon, il y a auſſi pluſieurs Volcans, mais peu conſidérables. Les Japonois qui ſont extrêmement ſuperſtitieux, regardent ceux de leur païs avec beaucoup de reſpect : & au rapport du Jeſuite Maffée, Auteur élégant d'une Hiſtoire des Indes, pluſieurs d'entre-eux vont par pélerinage à ces Volcans, & après y avoir paſſé un certain nombre de jours ſans boire ni manger, ils s'imaginent voir toutes ſortes de ſpectres. Un jeûne ſi rigoureux eſt bien capable, ſans aucun autre ſecours, de leur procurer de pareilles viſions.

Dans la Province de Nicaragua en Amérique, à 20. ou 25. lieuës de la ville de Léon qui en eſt la capitale, il y a un Volcan très-élevé & qui éclaire un païs immenſe.

Dans le Pérou, proche la ville d'Aréquipa, eſt un autre Volcan que les Eſpagnols ne peuvent regarder qu'avec la derniére frayeur : tant ils en craignent quelque éruption extraordinaire, qui accableroit ſans reſſource & ruïne-

roit cette ville malheureuse, toute mi-
née par dessous.

Le long de cette chaîne de montagnes qu'on nomme *Cordiliera de los
Andes*, & qui s'étend du Nord au Sud
dans le Pérou & le Chili, jusqu'au Détroit de Magellan, sont plusieurs émi-
nences & plusieurs pointes de rochers,
dont les unes jettent des tourbillons
de feu & les autres des tourbillons de
fumée : ce qui surprend & effraye tout
ensemble les Voyageurs peu accoûtumés à ces sortes de phénomenes.

Quand pour entrer dans la mer du
Sud, on passe par le Détroit de le Maire, (car il n'est plus question de passer
par celui de Magellan qui est trop long,
trop incommode & trop périlleux) on
rencontre d'abord la terre de Feu qui de
loin paroît la nuit comme un grand &
véritable Phosphore. On voit ensuite
dans la Nouvelle-Guinée plusieurs Volcans, qui inspirent je ne sçai quelle
frayeur aux matelôts. Mais peu-à-peu la
vuë de la mer du Sud ou de la mer pacifique leur rend le courage, qu'on est
toujours bien près de perdre, quand

on a été trop long-tems enfermé fur
mer dans un vaiſſeau, ne reſpirant qu'un
air ſalin & n'uſant que d'alimens qui
ont perdu leur goût & leur ſaveur.

Mais c'eſt aſſez parler ſur cette matiére, qui deviendroit inépuiſable.

TRAITÉ

QUI CONTIENT DES Remarques & des Expériences sur différens sujets, tirées des Transactions Philosophiques & traduites de l'Anglois.

Nam rerum parens,
Libanda tantum quæ venit morta-
libus,
Nos scire pauca, multa mirari ju-
bet.

Hugo Grotius.

TRAITÉ

QUI CONTIENT DES Remarques & des Expériences sur différens sujets, tirées des Transactions Philosophiques, & traduites de l'Anglois.

Sur la Musique.

ME trouvant un jour dans une nombreuse compagnie, & me rappellant ce que je sçavois de Musique, j'observai que dans le discours ordinaire on parloit en notes parfaites. Les expressions de celui qui primoit dans cette compagnie, étoient quelquefois des *octaves*, quelquefois des *quintes*, quelquefois des (1) *quartes* : & sa con-

____

(1) L'expérience a appris que les trois prin-

verſation paroiſſoit d'autant plus agréable , que ſes paroles accommodées au
ton de ſa voix , conſiſtoient en un
plus grand nombre d'accords ; & quand
il s'y rencontroit des diſſonnances , elles étoient placées à propos & l'harmonie du diſcours ne s'en reſſentoit
point (1). Cet homme-là auſſi avoit la
phyſionomie du monde la plus enga-
geante , & il réüniſſoit en lui toutes les
qualités qui font aimer. En l'examinant
encore de plus près , je compris ſans
peine pourquoi un diſcours qu'on en-

cipaux accords de la Muſique , ſçavoir , *l'octave* , la *quinte* & la *quarte* , ſont entr'eux comme les trois nombres 3 , 4 , 6. Suppoſé donc
trois cordes d'inſtrumens également groſſes &
tenduës , mais dont la longueur ſoit propor-
tionnelle à ces nombres ; on remarquera que
de deux de ces cordes qui ſeront l'une à l'autre comme 3 , à 6 , la plus courte fera deux
vibrations dans le tems que la plus longue n'en
fera qu'une : ce qui forme *l'octave*. Pour la
quarte , elle dépend de deux cordes qui ſoient
l'une à l'autre comme 3 , à 4. & la *quinte* de
deux cordes qui ſoient l'une à l'autre comme 4 , à 6. Tout ceci eſt une ſuite de la proportion Harmonique connuë des Géométres.

(1) *Fit concentus ex diſſonis* , ſuivant la réflexion de Macrobe.

tend de ſes oreilles avec plaiſir, ne fait
plus la même impreſſion, quand on le
lit.

De cette différence de Muſique en
parlant, ne pourrions-nous pas conje-
êturer quel eſt le caraêtére, quel eſt le
tempérament de chaque homme ? Nous
ſçavons que le Mode *Dorien* ſert à exprimer la gravité & la tempérance ; le
Lydien la bonne humeur & la liberté ;
l'*Eolien* une tranquillité douce & égale ;
le *Phrygien* la gayeté, la joye, une le-
gereté de jeuneſſe ; l'*Ionien* des tempêtes, les deſordres des paſſions. Et pourquoi, cela ſuppoſé, ne nous ſeroit-il
point permis de ſoupçonner que le caraêtére de ceux qui s'expriment en notes particuliéres à ces Modes, y eſt entiérement conforme, ou n'en eſt pas
(1) du-moins fort éloigné ? Ainſi ſui-

(1) Platon au troiſiéme Livre de la Répu-
blique convient que le diſcours eſt plus varié,
plus expreſſif, plus ſuſceptible d'harmonie
que le chant, mais en même tems plus difficile à noter. Platon qui penſoit en grand, ne
déſeſpére pourtant pas qu'on en puiſſe venir
à bout. Le malheur eſt que perſonne n'y a
penſé depuis. C'eſt ainſi que le projet d'une

vant la Clef, celui qui parle en, F, ut, fa, eſt mâle, ferme, courageux : celui qui parle en C, ſol, ut, fa, ne montre qu'une capacité ordinaire : celui qui parle en G, re, ſol, ut, peut paſſer pour un bizarre, pour un irréſolu, pour un eſprit foible & craintif. Les *b-quarre* marquent du penchant pour la volupté ; les *b-mol* du penchant pour la triſteſſe & la mélancolie, toutes les deux cependant accompagnées de quelque courage. Enfin, l'homme dont le diſcours peut s'ajuſter à toutes les Clefs & participe à tous les Modes, offre un eſprit univerſel & capable de diverſes ſortes d'emplois. Mais je l'accuſerois volontiers d'un peu d'inconſtance.

On peut appliquer aux Tems ce qui vient d'être dit des Modes. Les *blanches* indiquent un tempérament morne & phlegmatique, les *noires* un tempérament grave & ſérieux ; les *croches* un eſprit

Langue univerſelle, d'un Alphabet des penſées humaines, avancé par M. Leibnits & pour lequel il demandoit les avis de tous les Sçavans de l'Europe, s'eſt évanoüi après ſa mort.

efprit promt ; les *doubles-croches* un naturel ardent & porté à la colere ; une
demi-paufe un ftupide, celui qui ne
peut exprimer fes penfées ; un *foupir*
l'homme qui s'arrête & délibére ; un
demi-foupir l'homme qui reffent actuellement une vive paffion.

Il feroit inutile de prolonger ce détail. Mais fi jamais l'art de noter les (1)
difcours étoit porté à fa perfection, on
pourroit peut-être fe flatter de connoître à l'aide des Modes, des Clefs & des
Tems, les penfées, les inclinations, les
goûts des hommes, avec les moindres
différences qui les diftinguent.

(1) Les Anciens compofoient la déclamation
de leurs piéces de Théàtre, & l'écrivoient en
notes : ce qui s'appelloit, fuivant Cicéron,
facere modos. L'art de compofer cette déclamation fe perfectionna peu à peu, & mérita
enfin le nom de mélopée ou de modulation,
laquelle ne devoit pas moins régner dans
toute la piéce que les mœurs.

Tome II. D

Sur la quantité de sang dans le corps de l'homme.

ON ne peut guéres parvenir à connoître le méchanisme du corps humain, qu'on n'ait auparavant étudié celui des animaux. L'un de ces examens conduit à l'autre : & c'est, à mon avis, ce que vont prouver les expériences suivantes, lesquelles feront sentir de plus en plus le mérite de l'Anatomie comparée (1).

(1) L'Anatomie des animaux, dit M. de Fontenelle, nous devroit être assez indifférente : il n'y a que le corps humain qu'il nous importe de connoître. Mais telle partie dont la structure est dans le corps humain si délicate ou si confuse qu'elle en est invisible, est sensible & manifeste dans le corps d'un certain animal. De-là vient que les monstres mêmes ne sont pas à négliger. La Méchanique cachée dans une certaine espéce ou dans une structure commune, se développe dans une autre espéce, ou dans une structure extraordinaire : & l'on diroit presque que la Nature à force de multiplier & de varier ses ouvrages, ne peut s'empêcher de trahir quelquefois son secret.

Dans un mouton vivant, pefant 118 liv. on a trouvé cinq livres un quart de fang : ce qui eft un peu moins que la vingt-deuxiéme partie de fon poids.

Dans un agneau vivant, pefant 30. livres & demie, on a trouvé une livre & demie de fang : ce qui eft environ la vingtiéme partie de fon poids.

Dans un canard vivant, pefant 2. liv. 14. onces, on a trouvé une once 53. grains de fang : ce qui eft moins de la vingt-huitiéme partie de fon poids.

Dans un lapin vivant, pefant 7. dragmes 57. grains, on a trouvé deux dragmes 50. grains de fang : ce qui eft environ la trentiéme partie de fon poids.

Dans le ventricule droit du cœur d'un chien, on a trouvé fix onces de fang, après qu'on eût infufé à l'entrée de la veine jugulaire dequoi le coaguler. On a trouvé plus de fang dans le ventricule droit d'un autre chien. Leurs cœurs étoient fort étendus par celui qu'ils contenoient.

Je fuppofe maintenant que le cœur d'un homme, quoique bien plus grand, ne reçoive que quatre onces de fang à chaque diaftole, & allouiant 75. battemens à chaque minute, je trouve qu'il y en aura 4500. dans une heure, & que par conféquent il paffera 18000 onces de fang. Je fuppofe enfuite que celui d'un homme eft en même proportion de poids que le fang des autres animaux , que je réduis à $\frac{1}{20}$. Il en réfultera que dans un homme vivant, pefant 160 liv. le fang circulant ne fera que de huit livres ou de cent vingt-huit onces. Mais fuppofé encore qu'il foit de 12 liv. il en réfultera par un calcul aifé que ce fang circulera 93. ou 94. fois dans une heure.

On peut s'appuyer fur la vîteffe de cette circulation, & fur les dérangemens qui y peuvent arriver, pour juger des tems où il convient de faire fes repas & de la quantité de liquide qu'il eft à propos de prendre. On peut encore s'y appuyer , pour juger du paffage hâté des urines & du promt mouvement que le chyle laiteux fe prépare dans les mamelles des nourrices , fans imaginer des paffages inconnus (1) &

____

(1) Quelques Anatomiftes , & je crois pouvoir mettre à leur tête M. Lancifi premier

que l'exacte Anatomie n'avouë point.

On croit communément qu'il ne paffe qu'une demi-once de fang à chaque
diaftole, & que la quantité de celui qui
fe trouve dans le corps humain, eft
entre quinze & vingt-cinq livres. Qu'on
compare préfentement cette derniére
obfervation avec celles que j'ai propo-
fées.

Médecin de Clement XI. prétendent que la
plus grande partie de la liqueur qu'on a buë,
paffe au travers des membranes de l'eftomac,
& qu'étant tombée dans la cavité où font les
inteftins, elle entre dans la veffie par fes
pores, & non pas dans les inteftins mêmes
qui font enduits d'une humeur trop épaiffe
& trop glaireufe. Le refte de cette liqueur
fait le long chemin de la circulation, & après
s'être mêlé avec tout le fang & avec d'autres
liqueurs qu'il rencontre en fon chemin, il
eft verfé goutte à goutte dans la veffie.

Sur l'extrême fineſſe dont ſe tire l'or.

LE meilleur fil d'or, ſuivant tous les ouvriers, eſt fait d'un lingot d'argent cylindrique de 4. pouces de circonférence & de 18. pouces de long, lequel doit peſer 18. liv. de Troy. Sur ce lingot cylindrique eſt apliquée & également étenduë une quantité de quatre onces d'or en feüilles : c'eſt-à-dire qu'à 48. onces d'argent répond une once d'or. Suivant ces mêmes ouvriers, deux verges de long ou ſix pieds du fil le plus délié peſent un grain. Il ſuit delà que 98. verges de long ou 294. pieds peſent quarante-neuf grains, & que ces 98. verges ou 294. pieds ne ſont couverts que d'un ſimple grain d'or. Et comme la 10000ᵉ. partie d'un grain eſt environ la $\frac{1}{9}^e$. partie de la longueur d'un pouce, lequel peut être actuellement diviſé en dix, la 100000ᵉ. partie d'un grain d'or peut ſe voir ſans Microſcope.

Considérant ensuite le rapport (1) de la pesanteur spécifique de l'argent à l'or qui est comme $10\frac{1}{3}$. à $18\frac{2}{3}$. je trouve que le diamétre de ce fil dont je viens de parler, est la $\frac{1}{366}$e partie d'un pouce & sa circonférence la $\frac{1}{123}$e. Mais l'or en épaisseur n'excéde pas la $\frac{1}{134500}$ partie d'un pouce : d'où je conclus que le cube de la 100e partie d'un pouce contient plus de 2.433.000.000. de ces atomes ou infinimens petits. Et l'or y est étendu à un si parfait dégré,

(1) Il est certain que ce qu'on appelle pesanteur dans les corps est proportionné à la quantité de matiére qu'ils contiennent. Ainsi l'or étant au verre comme 7, à 1. leurs pesanteurs spécifiques feront pareillement comme 7. à 1. & il y aura à volume égal sept fois plus de matiére dans l'or que dans le verre, où le vuide remplacera les six parts qui manquent. A l'égard de la tendance au centre de la terre qu'on dit que certains corps affectent plus que d'autres, à l'égard, dis-je, de cette tendance causée par quelque matiére subtile, elle est tout-à-fait imaginaire. Car l'air étant supposé ôté, tous les corps sans distinction descendroient avec une égale vîtesse : ce qui me paroît constamment prouvé. V. les expériences de Boyle.

on lui voit une furface fi nette & fi égale, que l'argent ne peut montrer fa couleur blanche au travers de fes pores, quand même on fe ferviroit d'un Microfcope : de maniére que plufieurs de ces atomes ou infinimens petits pourroient être placés les uns fur les autres, fans augmenter fenfiblement cette furface.

Il eft à propos de remarquer ici que la livre de Troy d'Angleterre eft à la livre de Paris, comme 16. à 21. que la verge d'Angleterre contient trois pieds, & que celui de Londres eft à celui de Paris, comme 1000. à 1065.

Il eft encore à propos de remarquer que le fil d'or qui fe fait en Angleterre, a bien la fineffe, mais non l'éclat de celui de Lyon & de Paris.

Sur la quantité de vapeurs que le Soleil fait élever de la mer.

J'AI pris un vase de cuivre profond de quatre pouces & dont le diamétre étoit de 7 pouces $\frac{9}{10}$. J'y ai versé de l'eau qui avoit été salée au même degré que l'eau de la mer, c'est-à-dire, en y dissolvant une quarantiéme partie de son poids de sel marin. J'ai ensuite placé un thermométre dans le vase ; & par le moyen d'un réchaut plein de charbons allumés, j'ai fait chauffer l'eau jusqu'à ce que la liqueur du thermométre montât au même point de chaleur que vers le milieu de l'été. Tout cela préparé, j'ai attaché ce vase sans en rien ôter, à un des bouts du fleau d'une balance, & j'ai mis à l'autre bout des poids précisément de la même pesanteur. Il étoit aisé de conserver au même degré de chaleur l'eau, en approchant ou en reculant le réchaut plein de feu. Je remarquai bientôt qu'elle diminuoit sensiblement ; & au bout de

D v

deux heures, il y manquoit une demie-
once moins sept grains, c'est-à-dire,
233. grains d'eau lesquels s'étoient éva-
porés dans ce court espace de tems,
quoiqu'on n'eût vu monter aucune fumée ni que l'air parût chargé de vapeurs. Cette quantité d'eau exhalée en
si peu de tems est très-considérable :
car il s'ensuit de-là qu'en 24. heures,
il s'évaporeroit six onces d'eau d'une
surface aussi petite que l'est celle d'un
cercle d'environ huit pouces de diamétre.

Un volume d'eau de la grandeur d'un
pied cubique d'Angleterre pese 76 liv.
poids de Troy. Ce nombre étant divisé par 1728. nombre des pouces cubiques contenus en ce pied, donne 253.
grains $\frac{1}{3}$, ou une demie-once 13. grains
$\frac{1}{3}$ pour le poids d'un pouce cubique
d'eau. Le poids de ces 253 grains est
$\frac{233}{253}$. ou 35. parties d'un pouce cubique
divisé par 38. Or l'aire d'un cercle dont
le diamétre est de 7. pouces $\frac{9}{10}$., contient 49. pouces quarrés, par lesquels
divisant la quantité de l'eau évaporée,

fçavoir $\frac{35}{38}$. d'un pouce, le quotient eſt $\frac{35}{1662}$. ou $\frac{1}{53}$. D'où il paroît que le volume de cette eau eſt la cinquante-troiſiéme partie d'un pouce : mais pour la facilité du calcul, nous ſuppoſerons qu'elle en eſt la ſoixantiéme. Si donc l'eau renduë auſſi chaude que l'air l'eſt en Eté, exhale la ſoixantiéme partie d'un pouce en deux heures, de la ſurface connuë & déterminée, il s'en exhalera une quantité ſuffiſante en douze heures, pour fournir à toutes les pluyes, fontaines & roſées : ce qui fera la dixiéme partie d'un pouce.

Pour eſtimer maintenant la quantité d'eau qui s'éleve en vapeurs de la mer, je crois qu'on la doit conſidérer pendant le tems que le Soleil eſt levé : car la nuit, il retombe autant d'eau en roſée, ou même plus, qu'il n'en monte en vapeurs. Il eſt vrai que l'Eté les jours ſont de plus de douze heures : mais cette longueur eſt contrebalancée par la foibleſſe de l'action du Soleil, lorſqu'il ſe leve, & avant que l'eau ſoit échauffée. Ainſi, l'on peut ſans aucune crainte ſuppoſer que par jour il s'éléve en vapeurs la $\frac{1}{10}$. partie d'un pouce de l'étenduë marquée de la furface de la mer. On ne peut, ce me femble, re-fufer cette conjecture.

Etant une fois admife, je dirai que dix pouces en quarré fourniront par jour en vapeurs un pouce cubique d'eau; un pied en quarré une demie pinte mefure d'Angleterre ; quatre pieds en quarré un gallon ; un mille en quarré 6914. tonneaux ; enfin un degré en quarré de foixante-neuf milles d'Angle-terre 33.000.000. dé tonneaux. Si l'on donne maintenant à la mer Médi-terranée 40. degrés de long & 4. de large, eu égard aux différentes Côtes qui s'éloignent ou s'approchent les unes des autres, on aura 160. degrés de mer en quarré, lefquels donneront chaque jour d'Eté 5.280.000.000. de tonneaux en vapeurs. Je ne parle point des vents fecs & impétueux, qui détachent de la furface de l'eau plus de particules que la chaleur du Soleil n'en fait évaporer. Tout cela ne peut fe ré-duire à des régles fixes & certaines.

Il eft difficile d'eftimer la quantité

d'eau que la mer Méditerranée reçoit
des riviéres qui y tombent : il faudroit
des obfervations très-exactes & très-
fuivies, pour pouvoir mefurer leurs embouchures & leur rapidité. Tout ce
qu'on peut faire en cette occafion, eft
de donner à ces riviéres une quantité
d'eau plus grande qu'elles n'en ont effectivement : je veux dire de fuppofer
leurs embouchures plus larges qu'elles
ne le font, fuivant toutes les apparences, & de comparer enfuite la quantité
d'eau que la Tamife porte dans la mer,
avec la quantité d'eau qu'y portent ces
riviéres. Je les réduis à neuf, fçavoir,
l'Ebre, le Rhône, le Tybre, le Pô, le
Danube, le Niefter, le Boryftene, le
Tanaïs & le Nil. Les autres riviéres
n'étant ni fi célébres ni fi abondantes,
nous fuppoferons que les neuf premiéres ont dix fois plus d'eau que la Tamife : non qu'aucune de ces riviéres ait
réellement cette quantité, mais pour
comprendre dans notre calcul toutes
celles qui fe déchargent dans la Méditerranée, & dont on ne fçauroit autrement eftimer la grandeur & l'abondance.

Pour mesurer l'eau de la Tamise, je la prens au pont de Kingston où le flot ne se fait point sentir, & d'où l'eau coule toujours en en-bas. La largeur de son lit y est de cent verges & sa profondeur de trois, à la supposer par-tout égale. Et je suis assuré dans cette supposition que je lui donne plus, que moins d'étenduë. Le volume d'eau en cet endroit de la Tamise est de trois cens verges en quarré, lesquelles multipliées par quarante-huit milles (c'est la quantité d'eau que je soupçonne qui s'écoule en vingt-quatre heures) ou par 84. 480. verges, donnent 25. 344. 000. verges cubiques d'eau ou 20. 300. 000. tonneaux qui doivent s'écouler en un jour. Je suis persuadé par l'étenduë que j'ai donné au lit de la Tamise, que je lui ai accordé une grandeur suffisante pour y comprendre les riviéres de Brent, de Wandel, de Lea & de Darwent, qui se déchargent au-dessous du Pont de Kingston.

Présentement, si chacune des neuf riviéres ci-dessus énoncées a dix fois plus d'eau que la Tamise, il s'ensuivra que chacune portera par jour à la mer

203. millions de tonneaux, & que toutes enfemble y en porteront 1827 millions: & cette quantité, quoiqu'elle paroiffe exceffive, ne furpaffe cependant
que d'un tiers la quantité de vapeurs
que j'ai fait voir qui s'éleve en douze
heures de la mer Méditerrannée.

Sur quelques mêlanges de liqueurs, qui produifent le même effet que la poudre à canon.

J'AI déja parlé de ces mêlanges dans le Traité de la meilleure maniére de faire des expériences : mais comme le fujet en eft important & curieux , je vais donner un catalogue de toutes les Huiles effentielles & non effentielles, dont les unes prennent feu avec grand bruit & explofion , quand on verfe deffus de l'efprit de nitre ; les autres ne prennent point feu , mais font grand bruit , fans explofion ; les autres enfin ne font fuivies ni de bruit, ni d'explofion , ni d'effervefcence. Je marquerai les premiéres de deux points, & les fecondes d'un feul : les troifiémes n'auront aucune marque.

Huiles essentielles tirées des Végétaux.

Parfaites ou distillées au feu Chymique, les parties oléagineuses étant bien séparées les unes des autres. { Carvi . . / Cumin . / Fenouil . / Anis . } semences.

Legéres & spécifiquement moins pesantes que l'eau & l'eau-de-vie, quelques-unes mêmes que l'esprit de Vin.

{ Geniévre . / Laurier femelle . } graines

{ Thym . / Absynthe . / Angelique . / Hyssope . / Lavande . / Romarin . / Poulio . / Ruë . / Sauge . / Savinier . } extrémités des plantes

{ Limons . / Oranges . / Muscade . / Girofle . } fruits.

Pesantes & qui s'enfoncent dans l'eau.

- Boüis.. / Saffafras.. / Gayac.. } bois.
- Camphre.. } résine.
- Cannelle.. / Poivre de la Jamaïque.. } écorces.

Huiles non essentielles.

Imparfaites ou tirées par expression.

- Amande / Olive / Noix } fruits.
- Lin / Navette } semences.

Animales.

- Corne de cerf.. / Crane humain.. / Corne des pieds.. } ..parties solides.
- Sang humain.. } partie fluide.

Minérales.

- Ambre / Petrole / Godron des Barbades / Cire de ruche }

. Voilà douze fortes d'huiles qui prennent feu avec grand bruit & explosion ; dix-neuf qui font grand bruit , mais fans flamme & fans explosion ; neuf autres enfin qui ne produifent aucun effet , quand on les mêle avec l'efprit de nitre compofé. Le détail de ces expériences recueillies les unes après les autres , fe reduit aux conditions fuivantes.

Prenez une partie ou une demie-once de quelqu'une des huiles effentielles marquées dans le catalogue , par exemple de l'huile de Carvi ou de Girofle , & deux parties d'efprit de nitre compofé ou une once. Verfez l'huile dans un vafe de fayence capable de contenir quatre ou cinq onces, & par-deffus l'huile verfez l'efprit de nitre , non point goutte à goutte , mais tout d'un coup. Vous verrez ces deux liqueurs s'entr'allumer avec une grande vîteffe & un grand bruit. Quand la flamme fera paffée , elle laiffera un *caput mortuum* figuré à peu près comme une toile d'araignée. Détournez votre tête du vafe de fayence , de peur que l'explofion foudaine ne vous monte au vifage. Au furplus, l'efprit de nitre, fi on le garde long-tems, perd beaucoup de fa force.

Pour préparer cet efprit, prenez parties égales de falpêtre & d'huile de vitriol, & les diftillez dans une retorte fur un bon fourneau de fable. Continuez le feu pendant plufieurs heures, & ne le ménagez point. Les fumées s'éleveront d'une couleur rouge enfoncée & fe fixeront dans le recipient en forme de liqueur, qu'il faudra bien préferver de l'air. C'eft-là le véritable efprit de nitre.

Pour préparer le commun, mêlez cinq ou fix fois autant d'argille que vous avez de falpêtre purifié, & les diftillez à un feu médiocre pendant quatre heures. Dephlegmez enfuite & rectifiez. Vous aurez de l'efprit de nitre commun auffi bon qu'il le peut être.

A l'égard des mélanges ci-deffus énoncés, ils font dans le vuide le même effet qu'en plein air : ce qui doit paroître d'autant plus extraordinaire, que par toutes les expériences connuës, on fçait que le vuide éteint la lumiére, le feu, la flamme. Un jour que dans une

Machine pneumatique bien purgée
d'air, je mélois une demie-drachme
d'huile de Carvi avec une drachme
d'esprit de nitre composé, ce mélange
enleva le récipient de verre, quoiqu'il
eût plus de six pouces de diamétre &
plus de huit de profondeur, & qu'il fût
encore chargé d'un poids assez considérable.

On peut donc appeller ces sortes de
mélanges, de la poudre à canon liquide, puisqu'ils échauffent, qu'ils brû-
lent, qu'ils s'enflamment, qu'ils rési-
stent, qu'ils enlévent les corps qui leur
opposent une barriere. Ils sont encore
plus admirables que la poudre à canon,
puisqu'ils font leur effet dans le vuide
même. La poudre d'ailleurs est com-
posée de matiéres combustibles, de
soufre, de salpétre, de charbon ; au
lieu que de ces deux liqueurs, l'une
brûle difficilement, l'autre pour l'ordinaire éteint le feu. De plus, la poudre demande à être allumée, & ces
deux liqueurs quoique froides s'entr'al-
lument l'une l'autre.

TRAITÉ

SUR LA PÊCHE DES

Baleines que font les Baſques & ſur la maniére de
l'améliorer, avec quelques
remarques ſinguliéres touchant le païs qu'ils habitent.

Quem mortis timuit gradum,
Qui siccis oculis monstra natantia,
Qui vidit mare turgidum, &
Infames scopulos Acroceraunia?

Horat. Carm. lib. 1.

TRAITÉ

TRAITÉ

SUR LA PÊCHE DES

Baleines que font les Basques & sur la maniére de l'améliorer, avec quelques remarques singuliéres touchant le païs qu'ils habitent.

DE toutes les pêches qui se font dans l'Océan & dans la Méditerranée, la plus difficile sans contredit & la plus périlleuse est la pêche des Baleines. Les Basques, & sur-tout ceux qui habitent le païs de Labourd, sont les premiers qui l'ayent entreprise, malgré l'aprêté des mers du Nord & les montagnes de glace au travers desquelles il falloit passer. Les Basques sont encore les premiers qui ayent en-

　　　　　　E

hardi aux différens détails de cette pêche les peuples maritimes de l'Europe
& principalement les Hollandois, qui
en font un des plus importans objets de
leur commerce , & y apliquent trois à
quatre cens navires & environ deux à
trois mille matelots. Ce qui leur produit
des fommes très-confidérables. Car ils
fourniffent feuls ou prefque feuls toute
l'Europe d'huile , & de fanons de Baleines. L'huile fert , tant pour donner aux
cuirs les divers apprêts qu'ils demandent , que pour délayer les matiéres
qui doivent être employées dans la ca-
réne des vaiffeaux. A l'égard des fanons , leur ufage s'étend à une infinité de chofes utiles , mais qu'on ne
peut ici détailler. Plufieurs arts & mé-
tiers en ont continuellement befoin.

J'ai dit que les Bafques avoient commencé la pêche fi dangereufe des Baleines , & qu'ils y avoient initié les Hollandois accoûtumés aux travaux les
plus pénibles de la navigation : cependant les Bafques ont comme abandonné cette pêche qui leur étoit devenuë
infructueufe , parce qu'ayant préféré
pour la faire , le détroit de Davis aux

côtes de Groënland , ils avoient trouvé
ce détroit les trois derniéres années qu'ils
y avoient été , très-dépourvu de Baleines : ce qui leur avoit caufé des dom-
mages confidérables. D'ailleurs , la guerre de 1744. étant furvenuë , il n'y eût
prefque plus de commerce dans le
royaume , tant de commerce intérieur
& de proche en proche , que de commerce maritime & plus éloigné. Mais
il y a apparence que la paix générale
concluë à Aix-la-Chapelle remettra
les chofes fur l'ancien pied , & qu'on
ne laiffera pas les Hollandois feuls maîtres de la pêche des Baleines.

Quoiqu'il en foit : les Bafques y en-
voyoient dans les tems favorables environ trente navires de 250. tonneaux ,
armés de cinquante hommes tous de
choix , avec quelques mouffes ou demi-
hommes. On mettoit dans chacun de
ces bâtimens , des vivres pour fix mois
confiftans en bifcuit, vin, cidre, eau,
légumes & fardines falées (1). On y em-

(1) Les Hollandois qui vont à la pêche des
Baleines , fe préparent une efpéce de gâteau
plat , fait de fine fleur de farine & de miel,

Barquoit encore cinq à six chaloupes,
qui ne devoient prendre la mer que
dans le lieu de la pêche , avec trois
funins de 120. brasses chacun , au bout
desquels étoit saisie & liée par une bonne épissure la harpoire faite de fin brin
de chanvre & plus mince que le funin.
A la harpoire tient le harpon de fer
dont le bout est triangulaire & de la
figure d'une fléche ; & qui a trois pieds
de long , avec un manche de bois de
six pieds lequel se sépare du harpon,
quand on a percé la Baleine , afin qu'il
ne puisse ressortir d'aucune maniére.
Celui qui le lance , se met à l'avant
de la chaloupe & court de grands ris-
ques , parce que la Baleine après avoir
été blessée , donne de furieux coups de
queuë & de nageoires qui tuent souvent
le harponneur & renversent la Chaloupe trop foible pour lui résister.

On embarquoit enfin dans chaque
bâtiment destiné à la pêche , trente lances ou dards de fer de 4. pieds avec des

& pêtri avec de l'eau-de-vie. Il y entre toutes sortes d'épices. Ce gâteau passe pour un
excellent préservatif contre le scorbut , & le
rigoureux froid des mers du Nord.

manches de bois d'environ le double
de longueur ; quatre cens barriques tant
vuides que remplies de vivres ; deux cens
autres en bottes ; une chaudiére de cuivre contenant douze barriques & pefant
huit quintaux ; dix mille briques de
toutes efpéces pour conftruire le fourneau , & vingt-cinq barriques d'une terre graffe & préparée laquelle devoit fervir au même ufage.

Quand le bâtiment eft arrivé dans le
lieu où fe fait le paffage des Baleines,
on commence par y bâtir le fourneau
deftiné à fondre la graiffe , & à la con-
vertir en huile : ce qui mérite une fcrupuleufe attention. Le bâtiment fe tient
toujours à la voile , & on fufpend à fes
côtés les chaloupes armées de leurs avi-
rons. Un matelot attentif eft en vedette
au haut du mât de hune : & dès qu'il
apperçoit une Baleine, il crie en langue
Bafque , *Balia* , *Balia.* L'équipage fe
difperfe auffi-tôt dans les chaloupes , &
court la rame à la main après la Baleine
apperçuë. Quand on l'a harponnée ,
(l'adreffe confifte à le faire dans l'endroit le plus fenfible) elle prend la fuite, & plonge dans la mer. On file alors

les funins mis bout à bout, & la chaloupe fuit. D'ordinaire , la Baleine re-
vient fur l'eau pour refpirer , & rejetter
une partie de fon fang. La chaloupe
s'en approche au plus vîte , & on tâche de la tuer à coups de lances ou de
dards , avec la précaution d'éviter fa
queuë & fes nageoires qui feroient de
mortelles bleffures. Les autres chaloupes fuivent celle qui eft attachée à la
Baleine , pour la remorquer. Le bâtiment toujours à la voile la fuit auffi ,
tant afin de ne point perdre fes chaloupes de vuë , qu'afin d'être à portée de
mettre à bord la Baleine harponnée.

Quand elle eft morte & qu'elle va
par malheur au fond , avant que d'ê-
tre *amarrée* au côté du bâtiment , on
coupe les funins pour empêcher qu'elle n'entraîne les chaloupes avec elle.
Cette manœuvre eft abfolument néceffaire , quoiqu'on perde fans retour la
Baleine avec tout ce qui y eft attaché.
Pour prévenir de pareils accidens , on
la fufpend par des funins dès qu'on
s'apperçoit qu'elle eft morte , & on la
conduit à un des côtés du bâtiment
auquel on l'attache avec de groffes

chaînes de fer, pour la tenir fur l'eau. Les Charpentiers auffi-tôt fe mettent deffus avec des bottes qui ont des crampons de fer aux femelles, crainte de glifler : & de plus, ils tiennent au bâtiment par une corde qui les lie au travers du corps. Ils tirent alors leurs couteaux, qui font à manches de bois, & faits exprès : & à mefure qu'ils enlévent le lard de la Baleine fufpenduë, on le porte dans le bâtiment & on le réduit en petits morceaux qu'on met dans la chaudiére, afin qu'ils foient plus promptement fondus. Deux hommes les remuënt fans ceffe avec de longues pelles de fer, qui hâtent leur diffolution. Le premier feu eft de bois. On fe fert enfuite du lard même qui a rendu la plus grande partie de fon huile, & qui fait un feu très-ardent. Après qu'on a tourné & retourné la Baleine, pour en ôter tout le lard, on en retire les barbes ou fanons cachés dans fa gueule, & qui ne font pas au-dehors, comme plufieurs Naturaliftes fe l'imaginent. L'équipage de chaque bâtiment a la moitié du produit de l'huile, & le Capitaine, le Pilote avec

E iiij

les Charpentiers ont encore par deſſus les autres une gratification ſur le produit des barbes ou fanons.

Les Hollandois ne ſe ſont pas encore hazardés à fondre dans leurs navires le lard des Baleines qu'ils prennent : & cela, à cauſe des accidens du feu qu'ils appréhendent avec juſte raiſon. Ils le portent avec eux en barriques, pour le faire fondre au retour dans leur païs. En quoi les Baſques ſe montrent beaucoup plus hardis. Mais cette hardieſſe eſt récompenſée par le profit qu'ils font, & qui eſt communément triple de celui des Hollandois : trois barriques de lard ne produiſant au plus à le fondre, qu'une barrique d'huile.

Les Baſques dans les commencemens faiſoient la pêche dans la mer Glaciale, & le long des côtes de Groënland, où les Baleines qu'on appelle de grande baye, ſont plus longues & plus groſſes que dans les autres mers. L'huile en eſt auſſi plus pure, & les fanons de meilleure qualité, ſur-tout plus polis. Mais les navires y courent de très-grands dangers à-cauſe des glaces qui viennent ſouvent s'y attacher, & les font périr

fans reffource. Les Hollandois l'éprouvent tous les ans de la maniére du monde la plus trifte : & quelques-uns de
leurs navires arrêtés par les glaces, y
reftent fans fecours, & ne peuvent plus
s'en débarraffer.

Les Côtes de Groënland ayant infenfiblement rebuté les Bafques, ils al-
lérent faire leur pêche en pleine mer
vers l'Ifle de Finlande, dans l'endroit
nommé Sarde, & au milieu de plufieurs
bas-fonds. Les Baleines y font plus
petites qu'en Groënland : mais plus
adroites, fi l'on peut parler ainfi d'un
pareil animal, & plus difficiles à har-
ponner, parce qu'elles plongent alter-
nativement & reviennent fur l'eau. Les
Bafques encore rebutés quittérent ce
parage, & ils établirent leur pêche
dans le détroit de Davis vers l'Ifle d'In-
féo fouvent environnée de glaces, mais
peu épaiffes. Ils y trouvérent les deux
efpéces de Baleines qui font connuës,
celles de grande baye & celles de Sarde.

Les côtés qui forment le détroit de
Davis, ont quelques habitations de fauvages, qui paroiffent plus humains &

E v

plus apprivoifés que les autres. Un Capitaine Bafque ayant abandonné une Baleine qu'il avoit prife, après en avoir tiré le lard & les fanons, les fauvages qui s'en apperçurent, fe jettérent en foule dans leurs canots faits de peaux de chiens de mer, & vinrent s'en emparer. Mais auparavant ils en demandérent par fignes la permiffion au Capitaine, qui la leur ayant accordée, plufieurs de ces Sauvages accoururent à fon bord pour l'en remercier avec de grandes démonftrations de joye. On leur préfenta de l'eau-de-vie : mais ils ne firent qu'en goûter, témoignant quelque répugnance pour une liqueur fi acre & fi forte.

Outre la pêche des Baleines également lucrative & périlleufe, les Bafques font encore la pêche des Moruës où ils employent trente à quarante bâtimens de 80. à 300. tonneaux, & tous bien armés. On met dans chaque bâtiment des vivres pour neuf mois, & fon équipage eft depuis vingt-cinq hommes jufqu'à foixante. Tous ces navires partent dans les mois de Février & de Mars, & pour

ne point s'incommoder les uns les autres, ils se dispersent & vont faire leur
pêche à l'Isle-Royale, au Cap de Rey,
à Saint Georges, aux Trois-Isles, à
Portouchoux, à l'Isle Bonaventure, à
l'Isle-percée & à Gaspé.

Lorsqu'un bâtiment arrive au lieu de
sa destination, il commence par débar-
quer & rajuster ses chaloupes qu'il porte avec lui en bottes. On destine à chacune cinq hommes, tant pour la gouverner, que pour faire la pêche. Ces
chaloupes partent le matin, & vont jusqu'à quinze lieuës au large : elles reviennent le soir plus ou moins chargées. En arrivant, on ouvre les Moruës
& on les sale. Cinq ou six jours après,
on les lave & on les laisse sécher au Soleil, en les exposant sur la gréve &
quand elle manque, sur les vignotes.
Cela fait, on met les Moruës en différentes piles & on les charge de grosses
pierres, afin qu'elles s'égoûtent ou,
comme parlent les pêcheurs, afin qu'elles se purgent. On les embarque ensuite dans le navire, par paquets bien
liés ensemble. Les Basques qui entendent leurs intérêts, apportent le pro-

duit de leur pêche à Bordeaux, à Nantes , à la Rochelle, & fur les Côtes d'Eſpagne où ils font les plus grands profits. Cette Moruë s'appelle Moruë féche, bien différente de celle qu'on nomme Moruë verte.

Pour ce qui regarde la police obſervée fur ces fortes de bâtimens, je dirai que l'Armateur a les trois cinquiémes du profit, & que les deux autres cinquiémes ſe partagent entre le Capitaine, les Maîtres de chaloupes , les *Trencheurs* ou ceux qui ouvrent les Moruës, & le reſte de l'équipage : chacun ſuivant ſon mérite & le travail auquel il a été aſſujetti.

DE QUELQUES PARTI-
cularités peu connuës du
païs de Labourd.

1°. CE païs est composé de trente-
trois Paroisses, dont treize sont
maritimes ou voisines de la mer.

La plus riche & la principale est Saint
Jean de Luz, tant à cause de son port
qu'à cause de celui de Succoa qui en
dépend. Sa rade est exposée au Nord-
Oüest : mais le fond en est de roches,
dur & pernicieux pour les cables, qui
y *raguent* de façon qu'il n'est pas possi-
ble à un bâtiment d'y pouvoir tenir,
même avec la précaution de les suspen-
dre. Ce fâcheux inconvénient oblige
les navires, à mesure qu'ils arrivent,
d'entrer dans le port de Succoa qui est
au Sud-Oüest à l'ouvert de la rade de
Saint Jean de Luz. Lorsqu'il y a Ma-
line & que la barre est pratiquable,
(d'ordinaire elle ne l'est point) quel-

ques-uns de ces navires viennent moüiller devant la Ville même.

La petite riviére d'Ourdaffouri qui a
fa fource au haut des montagnes, tombe dans le port de Saint Jean de Luz
qu'elle fépare de la paroiffe de Sibourre. Un pont de bois extrêmement long
forme la communication entre ces deux
lieux, qui ont ainfi le même port & la
même rade. Mais les étrangers ne connoiffent guéres, & ne nomment que Saint
Jean de Luz. On affûre que les rochers
qui empêchent les navires d'y pénétrer,
pourroient être facilement enlevés à la
baffe-mer : mais ce feroit un travail de
plufieurs années, & qui pour réuffir de-
manderoit de grands talens. Témoin
les peines inutiles qu'on s'eft données à
Bayonne, à la Rochelle, & les dépen-
fes ruineufes qu'on y a faites. Rien n'a
été autrefois, & n'eft encore aujourd'hui
plus difficile que la conduite des ouvrages qui doivent être fondés & affis
fur la mer, en domptant les difficultés
fans nombre qu'elle préfente.

Mais ce qui gêne & afflige le plus les
habitans de Sibourre, de Succoa & de

Saint Jean de Luz, c'eſt qu'ils ſont obligés tous les ans d'envoyer une partie
de leurs vaiſſeaux hyverner au Paſſage
en Eſpagne. Et quand il faut les réarmer
au Printems ſuivant & les rendre à la
mer, quand il faut leur donner le feu
de la carêne & les équiper rapidement
de tout ce qui leur eſt néceſſaire, ce ſont
des frais, ce ſont des tranſports qui ne
finiſſent point.

Le port même de Succoa qui n'eſt
qu'à un quart de lieuë de Saint Jean de
Luz, eſt ſujet à mille inconvéniens, leſquels ceſſeroient tous, ſi l'on oſoit net-
toyer le port commun de Saint Jean de
Luz & de Sibourre, en déchirant les
rochers qui le rendent ſi dangereux &
en faiſant deux jettées de pierres qui
reſſerraſſent le lit de la riviére, & for-
çaſſent ſes eaux jointes au juſant, d'em-
porter les monceaux de ſable dont eſt
formée la barre. On diminuëroit par
ce moyen le commerce trop étendu des
Hollandois, leſquels du moins n'appor-
teroient en France ni fanons ni huile de
Baleine. Mais il faudroit un grand courage d'eſprit joint à un travail opiniâtre,
pour venir à bout d'une pareille entre-

prife ? M. Colbert l'avoit jugée digne de fes foins.

II°. Pour conftruire leurs bâtimens, les Bafques tirent du païs même les bois qui font excellens, ainfi que tous ceux des Pyrenées. Ils y choififfent encore leurs mâtures, & s'en contentent. La *coque* d'un navire de deux cens cinquante tonneaux peut revenir préfentement à 28000. liv. avec fes agrès & apparaux, & la mife-dehors, je veux dire les avances qu'on fait aux équipages, les vivres & les uftenciles que demande la pêche, à 18000. liv. Tous ces frais font fur le compte de l'Armateur, qui en eft bien dédommagé dans la fuite.

Lorfque le tems approche où les navires *Baleiniers* doivent revenir, il y a toujours des matelots en fentinelle dans le port de Succoa. Les premiers qui découvrent un bâtiment prêt à arriver, fe hâtent d'aller à fa rencontre & fe font payer un droit de 30 fols par homme. Quelque tems qu'il faffe, ils s'embarquent fans rien appréhender & fe chargent de moüiller le bâtiment à un des endroits connus de la bonne rade. Il eft aifé de voir que l'intérêt ne les guide point : rien en effet n'eſt plus modique, ſur-tout dans les mauvais tems & lorſ- que la mer briſe contre une côte toute de fer, que la retribution qu'on leur donne. Mais ils ſeroient infiniment af- fligés de voir périr leurs compatriotes. C'eſt un ſervice d'humanité qu'ils ſe rendent mutuellement.

III°. Pendant le dernier ſiége de la Rochelle, les Baſques envoyérent à Louis XIII. ſans y être forcés ni même invités, vingt-ſix fluttes chargées de vi- vres & de munitions de guerre. Un ſeul Négociant de Saint Jean de Luz, lui fit même alors préſent de deux frégates bien armées, propre à renforcer ſon ar- mée navale. Ce qui engagea ce Prince flatté d'un tel ſecours, à confirmer tous les priviléges accordés par les Rois ſes prédéceſſeurs, aux Baſques. Louis XIV. fît la même choſe en 1660. après ſon mariage avec l'Infante d'Eſpagne, & il donna de plus à l'Egliſe de Saint Jean de Luz, de ſuperbes ornemens.

IV°. Ces peuples ſont auſſi très-jaloux de leurs priviléges, & ils font tous leurs efforts, ils prennent tous les ſoins poſſi- bles, pour ſe les conſerver. Leur païs fournit affez de vin, des légumes, des fruits, du gibier, pour leur confommation & pour l'ufage journalier. Ils préparent encore d'excellent cidre, qui eft leur boiffon ordinaire dans les voyages qu'ils font au Nord. Mais le bled leur manque fouvent : & chaque année, ils en tirent une certaine quantité de Bretagne. Tout ce commerce fe fait par eux-mêmes ; & ils n'employent que leurs propres bâtimens, foit pour porter dans les païs étrangers & dans les Provinces du Royaume le produit de leur pêche, foit pour en rapporter les denrées & les marchandifes dont ils ont befoin : ce qui meut tout le monde, ce qui l'anime, & donne au commerce une activité, qui l'empêche de languir. Par ce moyen, s'entretiennent l'abondance & la circulation des efpéces. Chacun a (1) quelque part aux profits.

(1) J'ai dit dans mon Effai fur la Marine & fur le Commerce, qu'en Angleterre par un ufage très-fenfé & qui fait la bafe de tout fon commerce, il n'eft permis qu'aux feuls Anglois de tranfporter les marchandifes qui naiffent dans le païs, & d'y ramener celles que produifent les païs étrangers. Cet ufage met,

Dans plusieurs Cantons du païs de Labourd, il se trouve une sorte d'habitans nommés Agots, & qu'on croit descendus des anciens Gots & Vigots. Par cette raison, quoique très-frivole, ils ne communiquent guéres avec les autres habitans. Ils ne s'allient qu'entr'eux. Leur place est marquée dans les Eglises près de la porte. Ils ont méme un benîtier particulier. On a voulu souvent abolir une distinction si odieuse : mais on n'a pu en venir à bout. Tant les anciens préjugés tiennent au cœur de la multitude : tant elle a de peine à se débarrasser des chaînes formées par une longue habitude.

pour ainsi dire, toute cette grande Isle en mouvement ; & est cause que la valeur des espéces qui y circulent, se trouve à peu près proportionnée à la valeur de tous les effets réels qu'on y connoît. Il empêche de plus qu'un esprit d'indolence ne se communique de proche en proche, & que cet esprit plus touché de ses malheurs que soigneux de les réparer, ne cause enfin la chûte entiére de l'Etat. La liaison qui unit & rapproche les diverses parties de la Société, est si intime qu'on ne sçauroit en frapper une, sans que le contre-coup ne porte sur toutes les autres.

V°. Le Roi est seul Seigneur du païs de Labourd, qui lui paye par an une redevance de 250. liv. & de plus 24000. liv. pour la capitation & les autres subsides. On a épargné aux Basques la peine d'acheter du papier timbré. Tous leurs contrats, soit de mariage, soit d'affrétement, (ils n'en font point d'autres) doivent être en François. On prêche, on se confesse, on fait le catechisme en Basque.

Les Chanoines de l'Eglise de Bayonne étoient autrefois Barons de Saint Jean de Luz : mais pour une somme d'argent assez modique, les Habitans rachetérent ce titre qui est aujourd'hui éteint. Les Basques sont superstitieux comme les Espagnols leurs voisins, excellens matelots comme les Bretons, vifs & legers comme les Provenceaux, voluptueux comme les Languedochiens, entreprenans & hardis sur mer comme les Anglois.

Dans les Eglises, les hommes placés dans des tribunes de bois à trois étages, sont entiérement séparés des femmes, qui sans siéges ni bancs, sont en bas à genoux sur des tapis de drap noir,

Elles portent de plus des mantes qui font auffi noires, & qui leur couvre la tête & la moitié du corps. Les filles en portent affez communément de blanches.

Toutes les Paroiffes du païs de Labourd ont des Officiers Municipaux que choifit le peuple affemblé, & qui jurent fur les Saints Evangiles, en prenant poffeffion de leurs charges, qu'ils feront fidelles à Dieu, au Roi & à la Patrie. Ces Officiers à Saint Jean de Luz & à Sibourre fe nomment Bailes & Jurats, & dans toutes les autres paroiffes, Abbés. Leur conduite eft ordinairement fans reproche, & la juftice qu'ils rendent, fans frais. Ils reconnoiffent tous pour leur fupérieur, le fyndic général du païs dont le principal devoir eft de notifier au peuple les ordres du Roi, & de le porter à la promte obéïffance qui leur eft duë.

Pour donner plus de relief au Traité précédent, j'ai cru devoir ici repréfenter une Baleine deffinée fur le lieu même où la mer l'avoit jettée, il y a quelques années. Elle ne mourût encore que plufieurs heures après avoir été deffinée.

Cette Baleine étoit un mâle, que les courants avoient apparemment entraînée à l'embouchure de l'Adour près Bayonne, où elle fût prife le premier Avril 1741.

A.. La tête.

B.. La machoire inférieure.

C.. La machoire fupérieure.

D.. Les dents.

E.. L'endroit par où l'animal refpire & rejette l'eau qu'il a avalée.

F.. L'œil extrêmement petit.

G.. L'aileron ou la nageoire.

H.. Le membre génital.

I .. L'inteftin par où il y a apparence que l'animal rejette fes excremens.

K.. Le harpon de fer, & l'endroit où le harponneur cherche à frapper la Baleine.

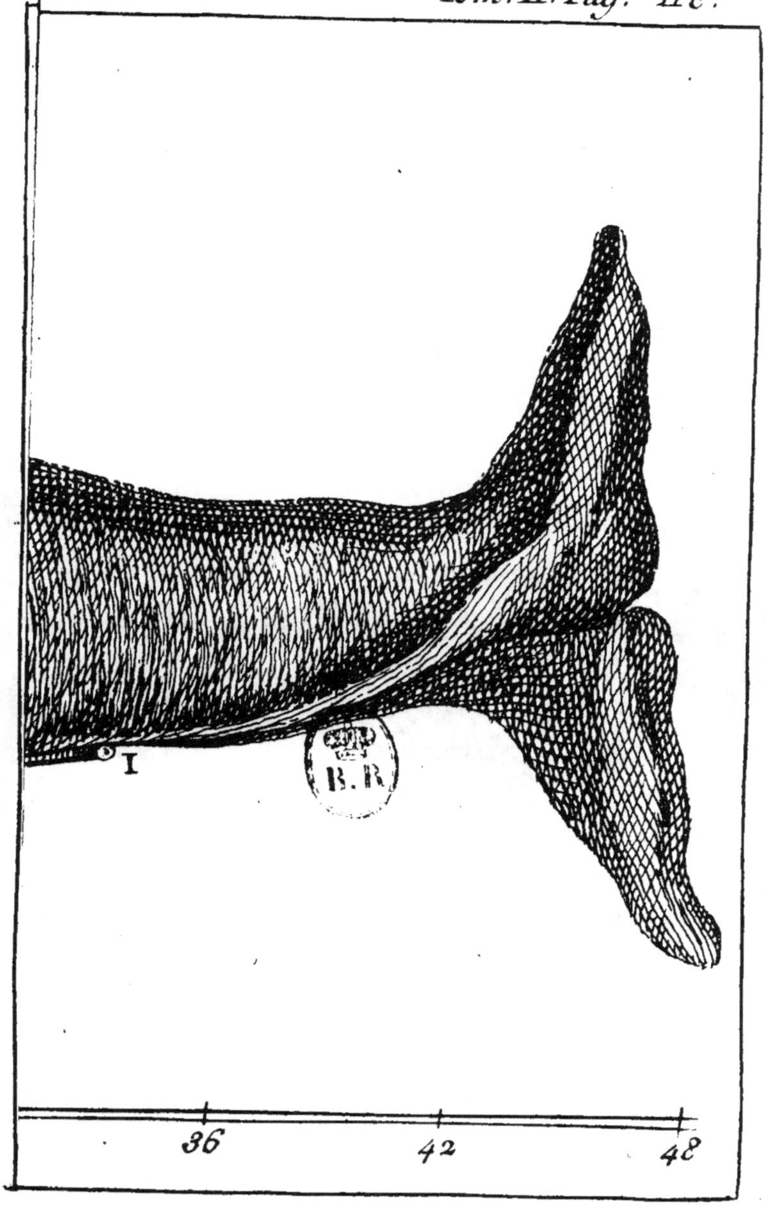

I
36
42
48

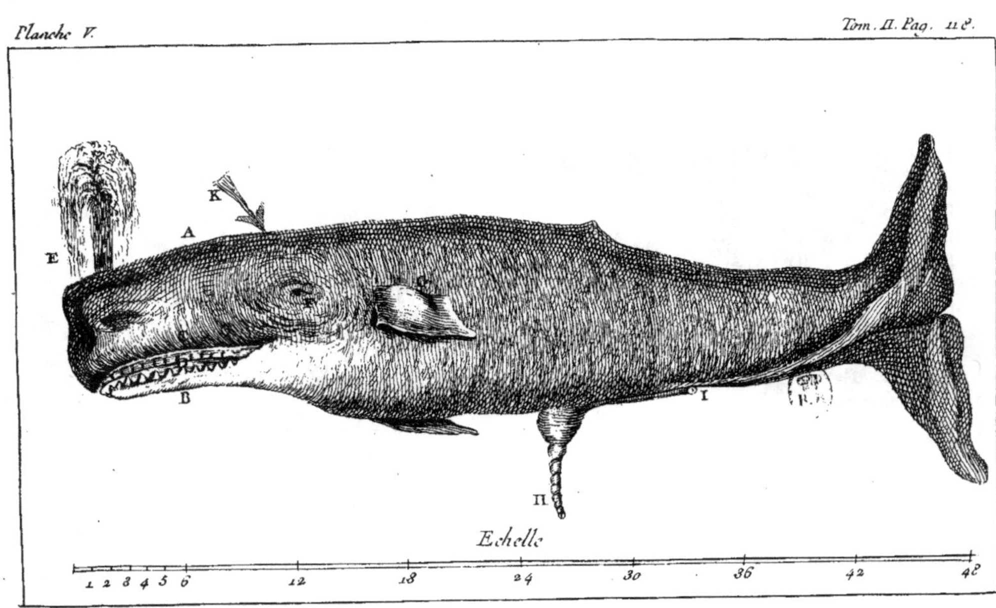
E
A
K
C
B
H
I
F
Echelle
1 2 3 4 5 6   12   18   24   30   36   42   48

Quelque dure que foit la peau de la Baleine, que le harpon peut à peine percer, elle ne laiffe pas d'être tourmentée par un Infecte Marin nommé en général *Pediculus Cœti*, duquel parlent Martin Lifter dans fon *Hiftoria Conchil* & Jean Boccone dans fes *Recherches & Obfervations naturelles*. Cet infecte eft armé d'une coquille à fix pans, dont les deux extrêmités font ouvertes & par où il paffe fes bras avec de longs poids qui lui fervent à piquer la Baleine & à fe nourrir de la graiffe ou du lard, dont elle eft comme enveloppée. On juge bien que, quelques efforts qu'elle faffe & quelques mouvemens qu'elle fe donne, elle ne peut chaffer un Infecte fi incommode qui fe loge d'ordinaire fous fes nageoires & vers le membre genital. Le Chevalier Robert Sibbald qui l'a obfervé fur les Côtes d'Ecoffe où la mer jette quelquefois des Baleines vivantes, a trouvé que cet Infecte étoit affez ferme au toucher & qu'en le preffant entre les doigts, il répandoit une liqueur noirâtre qui nuit apparemment à la Baleine. Sa longueur eft de fept pouces ou environ : mais il

paroît beaucoup plus grand , lorſqu'il
étend ſes bras hors de ſa coquille. En
cet état , il a tout l'air d'un Polype. Sa
tête ne ſe montre jamais à découvert :
elle eſt toujours cachée ſous la croûte
pierreuſe qui l'enveloppe.

RAPPORT

RAPPORT DE QUEL-
ques singularités trouvées en Basse-Bretagne, vers la fin de l'année 1731.

D A N s la Paroisse de *Lanrivoaré*, à cinq lieuës & demie ou six lieuës de Brest, est un *palu* ou un marais qui séche en partie l'Eté, & qui tient à plusieurs rochers fort escarpés, au travers desquels coulent différens petits ruisseaux. On juge que ce marais a été autrefois un grand étang. Des païsans de *Lanrivoaré* ayant besoin de pierres plattes pour asséoir des ruches à miel, en virent dans ce marais. Mais sous la premiére qu'ils s'efforcérent de tirer, & qui leur coûta beaucoup de peines, ils trouvérent plusieurs coins de fonte, semblables à ceux que j'ai fait dessiner. Leur curiosité étant piquée par cette découverte, ils fouillérent dans le reste du marais & en tirérent plus de deux mille. Le village entier fût occupé pendant dix où douze jours à ce travail, lequel ne se trouva interrompu que par les Fermiers du Domaine.

Tous ces coins sont de fonte & creux, avec un petit anneau à la base. J'en ai vu de trois grandeurs différentes, plus de grands cependant que de petits. La matiére en est aigre, mais assez particuliére par son mélange, & presque aussi dure que de l'acier.

Deux questions se présentent d'abord à l'esprit de ceux, qui entendent parler de ces coins. La premiére : à quoi ont-ils servi ? La seconde : à quel dessein un si grand nombre se trouve-t-il rassemblé en un même lieu ? Car ce ne peut être l'effet du hazard. Il me semble évident que ces coins étant creux, ils ont servi à mettre au bout de quelques bâtons ou de quelques hampes, moins comme arme offensive que comme arme défensive. On attachoit à l'anneau qui est près de la base, quelque banderolle par forme d'ornement, ou plutôt de reconnoissance dans un combat : ce que l'on sçait avoir été d'usage parmi les Celtes & les Gaulois, qui d'ordinaire mettoient de ces fortes de banderolles au bout de leurs lances, près du fer.

Ce qui m'a donné lieu de former cette conjecture, c'eft que la tradition du païs porte qu'il s'eft donné autrefois dans la paroiffe de *Lanrivoaré* une grande bataille : mais on ne fçait en quel tems, ni entre qui. On voit feulement dans cette Paroiffe un cimetiére fort fingulier, & dont on raconte des chofes extraordinaires. Il fe nomme le cimetiére des Saints, ou le cimetiére des fept mille. Au refte, *Lanrivoaré* n'eft guéres qu'à une lieuë de la mer : il eft encore plus près du château de *Trémuzen*, autrefois très-confidérable & le chef-lieu de la terre du Châtel ; mais entiérement ruiné pendant que la Maifon de Briffac poffédoit cette terre. Quelques monumens échappés du château de *Trémuzen*, font connoître que le fameux *Tannegui* y avoit pris naiffance : ce qui n'a point été remarqué, ce me femble, par aucun Hiftorien de Bretagne.

Il y a apparence que des étrangers encore Payens, foit Allemands, foit Bretons de l'Ifle, foit Hybernois, ayant fait defcente fubitement en Baffe-Bretagne, tuérent un grand nombre de gens du païs qui voulurent s'y oppofer. Je foupçonne que les autres prirent la fuite, & de peur que leurs armes ne tombaffent entre les mains des Vainqueurs, ils les jettérent dans le marais ou l'étang de *Lanrivoaré*. Les morts furent enterrés dans le cimetiére de cette Paroiffe, auquel on donna le nom de cimetiére des Saints, parce qu'anciennement ceux qui étoient tués en combattant contre des Idolâtres, & enfuite contre des Mahométans, portoient le même nom. Il y en a plufieurs exemples dans notre Hiftoire, pendant le temps des Croifades. Je ne rappellerai point ici tout ce qui fe débite de furprenant au fujet du cimetiére de *Lanrivoaré*. C'eft une fuite de l'ignorance : & elle ne manque guéres de répandre le merveilleux, & de nourrir la fuperftition, par-tout où elle eft la plus forte.

Dans le temps que j'écris ceci, il me vient un doute que je crois décifif. Ces coins n'auroient-ils pas fervi à terminer des bâtons d'étendarts? Or les étendarts des Anciens, foit le *Labarum* des Romains, foit les Banniéres des Gaulois, n'étoient qu'un leger & petit Drapeau qui étant fufpendu à une lance, formoit une croix à peu-près femblable à celles que forment les Banniéres de notre tems affectées aux Eglifes.

Cela pofé, je dirai que nos coins de fonte avec leur petit anneau, pouvoient aifément fervir à cet ufage, & tenir les Banniéres dans la fituation qui leur convenoit. Mais le nombre de 2000. me paroît exorbitant. Comment réünir tant de drapeaux enfemble? Quel en pouvoit être le but? A peine trouveroit-on cette quantité dans une Armée entiére. Mais la difficulté peut fans peine fe lever, en fuppofant qu'il y avoit autant de drapeaux, que de Bourgs & de Villages: ce qui fe remarque encore aujourd'hui en Bretagne, parmi les Milices Gardescôtes. Quand elles font raffemblées, on voit une grande confufion de drapeaux, y en ayant autant que de Paroiffes & de Villages fujets à la Garde des côtes & exemts par-là de beaucoup d'autres corvées.

F iij

EXPLICATION
des deux Planches suivantes.

La premiére repréfente trois coins de fonte vus de trois côtés différens.

La feconde repréfente un coin mis au bout d'un bâton ou d'une hampe, pour foûtenir un drapeau.

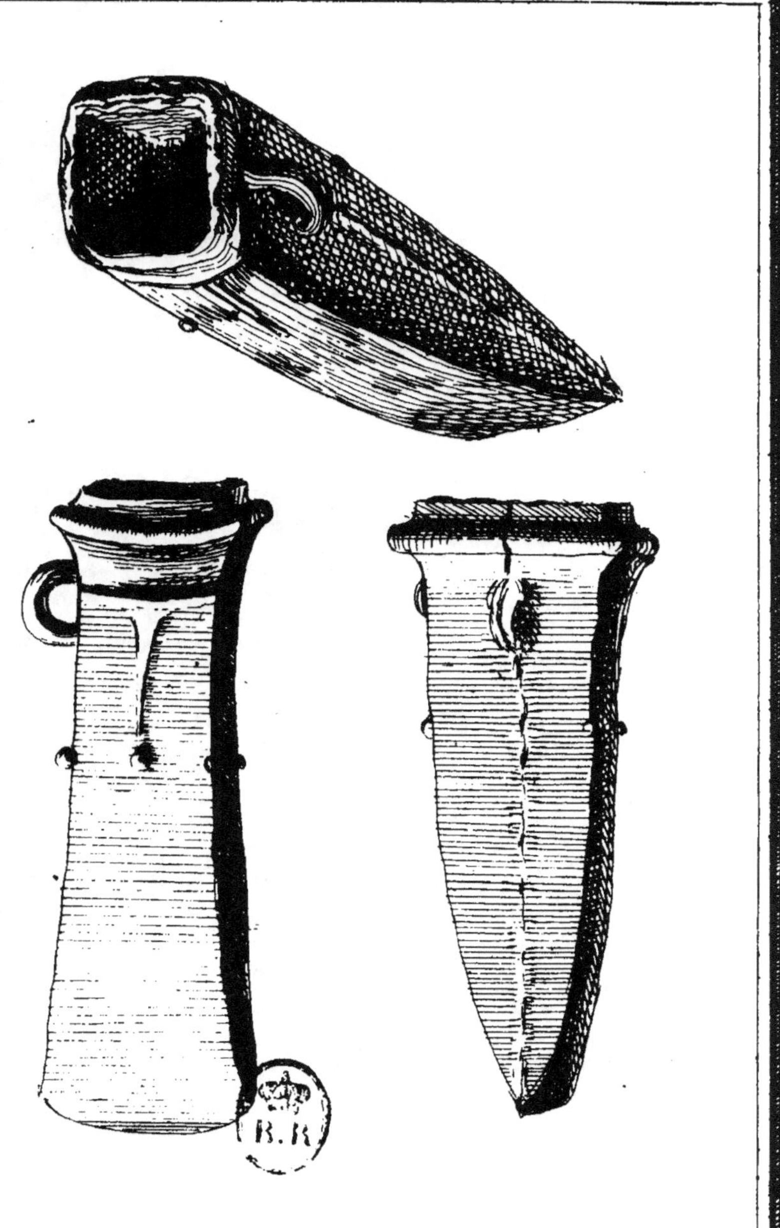

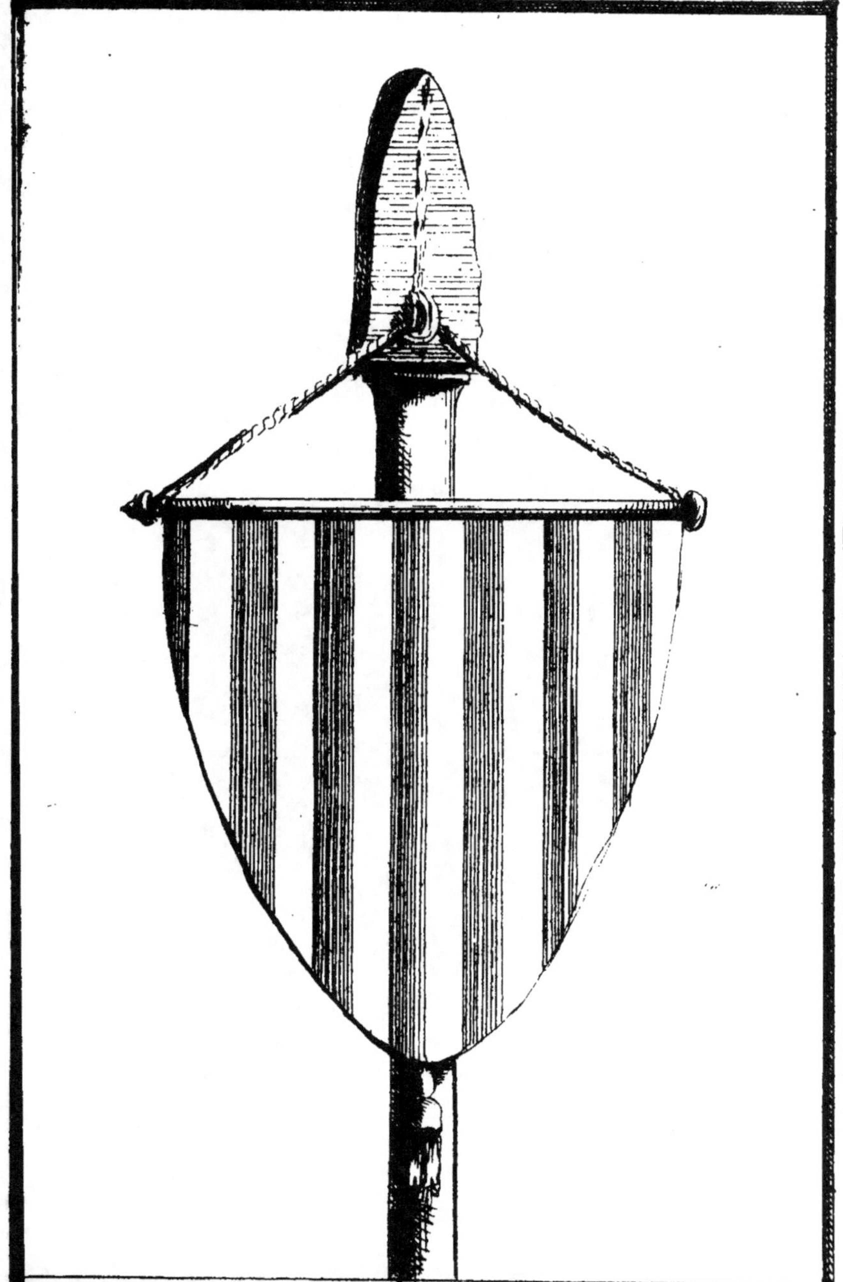

TRAITÉ
SUR
LA CONSTRUCTION
DES VAISSEAUX.

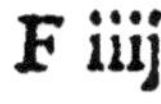

F iiij

*Nam si materiem texendis navibus
aptam
Legeris, atque datà fabricaveris
arte carinas,
Deduces celerem securus in æquora
puppim,
Ac lætus vento committes vela vo-
canti.*

*Nicol. Parth. Giannetta-
sius Nautic. Lib. 1°.*

TRAITÉ

SUR LA CONSTRUCTION
DES VAISSEAUX.

LETTRE PREMIERE.

LE sincére attachement que vous avez, Monsieur, pour le bien public, se découvre principalement dans les soins que vous prenez de vous instruire des différens détails de la Marine & du Commerce. Ce sont-là en effet les deux pivôts sur lesquels doit rouler tout bon gouvernement. La Marine d'un côté, outre la considération qu'elle procure à un Royaume & la prééminence qu'elle lui donne sur les Royaumes voisins, sert encore à lier toutes ses parties & en les rapprochant les unes des autres, à les entretenir dans une certaine

F v

foupleſſe & dans un certain mouvement qui ſeuls font l'opulence & le bonheur des peuples. De l'autre côté, le Commerce en aiguiſant l'induſtrie, en perfectionnant les Arts, en empêchant que la fraude & la malefaçon ne s'introduiſent dans les Manufactures, procure deux avantages : celui de porter avec vivacité dans les païs les plus éloignés les marchandiſes & les denrées que produit le païs qu'on habite, & celui d'y rapporter avec une ſorte (1) d'œconomie les denrées & les marchandiſes étrangéres, mais abſolument utiles, ou agréables & curieuſes. Ce qui répand d'abord l'abondance ſi néceſſaire à tout Royaume bien policé, & fait naître enſuite le luxe qui n'eſt que le rafinement, le ſurcroît de l'abondance. Mais on doit

(1) Vivacité, œconomie : ces deux mots caractériſent, pour ainſi dire, toute la Marine, & ils devroient être continuellement dans la bouche de ceux qui y ont le plus petit rapport. Sans l'œconomie, un Roi, quelque puiſſant qu'il ſoit, ne peut ſoûtenir ſa Marine, bientôt il ſe ruïneroit : & ſans la vivacité, il n'y a point d'œconomie. On fait toujours aux moindres frais poſſibles, ce qu'on ſe hâte de faire. *Magiſter artis velox animus.* Plato.

fonger à une chofe effentielle, dans cette efpéce d'échange, c'eft que le prix de ce qu'on tranfporte hors d'un Royaume furpaffe toujours le prix de ce qu'on y rapporte. Par ce moyen, le Commerce eft avantageux : on fait pancher la balance de fon côté.

De ces vûes générales, Monfieur, vous defcendrez fans peine aux vûes particuliéres. Mais en y defcendant, remarquez, s'il vous plaît, quelle fupériorité doit procurer une Marine foigneufement entretenuë, une Marine confiée à des hommes de tête, braves & expérimentés, une Marine où l'on ne fonge qu'à faire noblement fon devoir fans aucun retour fur fon intérêt perfonnel. Remarquez encore, s'il vous plaît, quelles richeffes & quelles commodités, toutes dépendantes les unes des autres, apporte un Commerce exercé fans fraude, fans artifice, fans baffeffe ; quelle foule d'étrangers il attire dans un état, & par conféquent quelle confommation il y occafionne ; enfin, quelle ame, quelle vie il répand de proche en proche, en excitant par l'attrait

F vj

d'un gain permis tout le monde au travail

Mais comme vous êtes très-capable, Monſieur, de ſaiſir par vous-même ces grands objets ; je viens à ce que je vous ai promis, je veux dire, à l'Art de conſtruire les vaiſſeaux. Cet Art eſt peut-être le plus épineux, & le plus compliqué (1) de tous les Arts : celui qui demande , pour y réuſſir, qu'on ſçache faire un meilleur uſage des rapports,

(1) Peu de perſonnes ont traité de la conſtruction des Vaiſſeaux , comme je l'ai fait voir dans mon *Eſſai ſur la Marine des Anciens.* Moins encore ont bien compris dequoi il s'agiſſoit , parce que la Théorie & la pratique ne ſont jamais bien d'accord enſemble , & que l'une ſe refuſe à ce que l'autre preſcrit. La raiſon de cela eſt que la Théorie roule preſque toujours ſur des hypothéſes , ſoit qu'elle ne puiſſe prévenir tout ce que la pratique exigera dans la ſuite, ſoit qu'elle néglige adroitement quelqu'une des principales circonſtances d'un ſujet, & qu'elle faſſe abſtraction des difficultés qui coûteroient trop à vaincre. Par ce moyen la pratique aidée de l'expérience, corrige ſouvent la Théorie elle-même , & la tire d'une certaine généralité , pour l'appliquer utilement à des cas particuliers.

des combinaiſons & même des tâtonnemens. En effet, un vaiſſeau eſt un tout
compoſé d'une infinité de parties : & il
paroît comme impoſſible, quand on
ſouhaite qu'une certaine qualité domine, qu'elle ne préjudicie aux autres. Il
eſt encore plus impoſſible de les raſſembler toutes, & de les ſubordonner de
maniére qu'elles tendent unanimement
au même but, & faſſent unanimement
le même effet. En voici la preuve.

Veut-on qu'un navire ait par-deſſus
tout l'avantage de la voilure, & que la
vîteſſe de ſa marche ſoit auſſi grande
qu'elle peut être ? On nuit alors à la ſo-
lidité de ſes liaiſons : & ce navire moins
fort de bois d'échantillon, ſera hors d'é-
tat de porter ſon artillerie ; comme il
eſt arrivé au Dauphin-Royal, à l'Alci-
de & à tous les autres bâtimens con-
ſtruits par feu M. Olivier. Veut-on un
navire dont les fonds ſoient fins & tail-
lés, faits en forme de coin, afin qu'il
diviſe mieux le liquide dans lequel il
flote, & qu'il ait un moindre volume
d'eau à repouſſer. On nuit à ſon arri-
mage ; & au lieu que dans le fond de
calle les poids devroient être arrangés

fur les aîles ou les deux côtés, ils fe trouvent tous au milieu du navire : ce qui le fait rouler terriblement. Veut-on que la mâture foit élevée au-deffus des proportions ordinaires, que les voiles ayent plus de chûte ou plus de hauteur, afin de mieux intercepter les lits de vent fupérieur? On nuit à la marche du Vaiffeau , parce qu'il faut augmenter les poids (1) qu'on met dans le fond de calle , le left en un mot, à mefure qu'on augmente les poids qui font au-deffus de la flotaifon. Veut-on donner à un navire la plus petite largeur poffible , afin qu'il porte la voile fiérement & fans plier , qu'il obéïffe à toutes les impulfions du vent & de l'eau?

(1) Comme il y a des hommes incapables de rien tirer de leur propre fond qui foit jufte, exact & même fenfé, leur reffource eft d'attaquer tout ce qui paroît avoir quelque réüffite & ne s'accorde point avec leurs foibles lumiéres. Je l'ai éprouvé par rapport à mon *Effai fur la Marine des Anciens*, où j'avois tâché prudemment de concilier la Théorie avec la pratique & de les corriger l'une par l'autre. Apparemment que cela a déplu à ceux qui fe font des principes de leurs préjugés , & ne voyent rien au-delà de ces principes.

On trouvera que ce navire aura trop d'ardeur, qu'en virant de bord, les voiles coifferont les mâts, enfin que le gouvernail ne le maîtrisera point assez. Je ne parle point du recul que doivent avoir les canons, & qui suppose dans chaque Vaisseau de guerre une largeur proportionnée à leur calibre.

Toutes ces contrariétés font assez sentir combien difficile est l'Art de construire les Vaisseaux, & combien plus difficile encore est le secret d'en joindre la Théorie à la pratique, tant à cause des empêchemens qu'apportent la nature des bois & la maniére de les mettre en œuvre, qu'à cause des obstacles qui viennent du côté de la mer, obstacles qu'on ne peut ni prévoir ni souvent vaincre.

D'où est venuë cette façon de parler si commune parmi les Marins : Qu'on est encore très-éloigné de sçavoir ce que la mer demande. Ainsi, Monsieur, je ne vous parlerai ni de ce que la Théorie a de trop sec & de trop général, fondé principalement sur des hypothéses, ni de ce que la pratique a de trop étendu & de trop compliqué, fondé sur des détails variés à l'infini. Je vous tracerai feulement l'hiftoire des progrès de l'Art de conftruire, & je joindrai quelques raifonnemens courts à cette Hiftoire.

Lorfque le Cardinal de Richelieu parvint au Miniftére & qu'il fût pourvu de la charge de Grand-Maître, Chef & Surintendant de la Navigation & Commerce de France, il ne trouva dans le Royaume aucun Arfenal ni aucun établiffement de Marine. Elle y étoit abfolument ignorée, abfolument mife au néant. Le Cardinal commença par acheter de différens particuliers environ vingt-trois vaiffeaux, dont le plus confidérable fût nommé la Couronne. Ces vaiffeaux étoient fi mal conftruits, ils avoient fi mauvaife grace, que Louis XIII. *(1)* voulant faire préfent au Maréchal de Toiras d'un bâtiment plus

(1) Le Roi ayant nommé M. de Toiras Gouverneur de l'Ifle de Ré, & Vice-Amiral des côtes de Poitou & païs d'Aunix, & des Ifles adjacentes, fouhaita qu'il eût deux navires de guerre fous fon commandement, & en fît

diſtingué & tout enſemble meilleur voi-
lier que ceux qu'on voyoit en France,
fût obligé de l'envoyer acheter en Hollande, & de le faire conduire à Bordeaux. Le Maréchal s'en ſervît dans la
ſuite, pour empêcher les courſes & arrêter les déprédations des Anglois ſur
les côtes de Poitou, Xaintonge & Aunix.

Les projets utiles du Cardinal de Richelieu ayant réüſſi même au-delà de
ſes eſpérances, les François toujours curieux des choſes nouvelles, prirent goût
à la Marine. Mais pour achever ce qu'il
avoit commencé, il falloit un génie tel
que le ſien, un génie créateur : il falloit en un mot un Colbert. Comme le
but de ce Miniſtre habile & qui n'a
point encore eu de ſucceſſeurs, étoit de
naturaliſer dans le Royaume les Arts,
les découvertes & les induſtries qui ca-

conſtruire un troiſiéme en Hollande, pour ar-
mer en ſon propre nom : & ce navire, dit
l'Hiſtorien de la Vie de M. de Toiras, *de-*
voit être des plus beaux qui s'édifient dans les
ports de ces Etats-là. Ce qui fût exécuté *avec*
ſoin & adreſſe. Hiſt. du Mar. de Toiras L. 1,
ch. 9.

ractérifoient les Royaumes étrangers;
il fît venir de Hollande des Conſtructeurs, de Suéde des Maîtres-Mâteurs &
des Maîtres-Forgeurs d'ancres, de Riga,
Hambourg & Dantzich des Cordiers
& des Tiſſerans, &c. & par ce moyen, la
Marine reçût une ſorte d'ame & de con-
ſiſtence. On bâtît des navires dont l'air
lourd & les poupes quarrées, dont les
côtés perpendiculaires à l'eau & la longueur preſque égale à la largeur, re-
préſentoient, il eſt vrai, des eſpéces de
parallépipedes : mais du moins on les
bâtît en France. Ce qui étoit déja un
grand avantage, & en promettoit de
plus grands encore pour la ſuite.

La Marine ſe perfectionnant de jour
en jour par les ſoins de M. Colbert &
de ſon judicieux fils (1) M. de Seignelai, les Officiers généraux, qui tous alors

(1) Quoique le Marquis de Seignelai fût
Secrétaire d'Etat, ayant le département de la
Marine, il ambitionna toujours d'être fait Maréchal de France : & dans cette intention, il
s'embarqua pour la campagne du Bombarde-
ment de Gênes. Les choſes à la vérité tournè-
rent autrement dans la ſuite. Mais il conſer-
va ſans contredit, & à la Cour où il étoit

étoient gens du premier mérite, ouvrirent les yeux fur le befoin indifpenfable qu'ils avoient d'apprendre les principes de la conftruction des Vaiffeaux : & comme ces Officiers, après avoir paffé l'Eté ou à la mer ou dans leurs départemens, fe raffembloient tous les Hyvers à Paris, ils réfolurent de tenir entr'eux des conférences fur cette matiére. M. de Seignelai l'ayant fçu, voulut y affifter, & engagea le feu Roi lui-même à les honorer quelquefois de fa préfence. On parvint à y établir les proportions générales qui déterminent la longueur, la largeur & le creux des Vaiffeaux de tous les rangs. On fongea enfuite à leur donner une forme élégante, & dont l'œil fut fatisfait. A l'égard des autres proportions qui découlent des trois premiéres, on en laiffa le foin à l'habileté des Conftructeurs, & trop fouvent peut-être à leur caprice. Chacun tâcha alors de réüffir fuivant le degré de capacité, qu'il avoit

refpecté, & dans les ports de mer où il alloit fouvent pour voir les chofes par lui-même : il y conferva, dis-je, cet air de fupériorité que donne un goût décidé pour la guerre.

acquis, & les Ports de Breſt & de Toulon fournirent d'excellens Vaiſſeaux.

Les premiers Conſtructeurs François avoient été inſtruits par M. le Chevalier Renau, habile Mathematicien, & très-propre à leur applanir les routes qui conduiſent à la Géométrie & aux Méchaniques. Mais il échoüa lui-même malheureuſement au ſeul vaiſſeau qu'il ait conſtruit, nommé le Bon : & cela, parce qu'il voulut ſupprimer la différence du tirant d'eau de l'avant à l'arriére. Ce navire étoit ſi ardent qu'il ne pouvoit gouverner à la mer. On fût obligé dans la ſuite de lui donner une contre-quille, qui prenoit à l'étambot, & venoit en diminuant mourir vers le milieu du Vaiſſeau.

On peut dire que tous les ſçavans Conſtructeurs qui ont paru dans la Marine, les Coulon, le Brun, Maſſon, Helie, les deux Olivier, viennent de ces premiers Conſtructeurs inſtruits par M. le Chevalier Renau. Ils ſe ſont tranſmis les uns aux autres & leurs plans & leurs méthodes, dont ils ne font d'ailleurs part qu'à peu de perſonnes.

Ils gardent pour eux-mêmes & pour leurs enfans, les connoiſſances qu'ils ont recueillies de leur travail, ou par ſucceſſion héréditaire.

Un ſeul Conſtructeur nous a été donné, comme un préſent du hazard. C'eſt Blaiſe Pangalo, né dans une de ces petites Iſles qui ſont à l'extrêmité de la Sicile. Jeune encore, il fût pris par des Corſaires & mené à Alger, où le Maître qui l'acheta, le fît ſervir à des radoubs de chaloupes. Il y réüſſiſſoit parfaitement. Quelque tems après, le Maréchal de Tourville ayant moüillé avec ſon eſcadre devant Alger, Pangalo furieux de recouvrer ſa liberté, ſe jetta à la mer & fît trois lieuës à la nage pour gagner le bord du Maréchal, qui le reçût avec bonté. Lui ayant trouvé dans la ſuite du génie & des talens extraordinaires pour la conſtruction, il eût ſoin de ſa fortune : & Pangalo pouſſé par une main inconnuë, ſans étude, ſans principes, Géométre parce qu'il l'étoit naturellement, devint un homme ſupérieur. C'eſt à lui qu'on doit ce fameux Lys, ſur lequel M.

du Gué-Troüin a fait tant d'actions éclatantes.

J'oubliois de vous apprendre une anecdote que peut-être vous ferez charmé d'avoir apprife, c'eft que la *Théorie de la manœuvre des Vaiffeaux* attribuée à M. le Chevalier Renau, n'eft de lui, que pour les principes & pour le détail qui appartient à ces principes ; mais que M. Sauveur de l'Académie Royale des Sciences , confulté fur cet ouvrage, fe chargea de le revoir & le mît en état de paroître. M. Renau étoit trop occupé (1) pour entrer dans un pareil détail : il parloit d'ailleurs & il écrivoit avec beaucoup de peine. Je tiens cette anecdote de feu M. Coubard, Maître

(1) Quelque mérite & quelque habileté qu'ait eu M. le Chevalier Renau, il ne pût empêcher par les obftacles qu'on lui fufcita, la funefte affaire paffée à Vigo en 1702. où la flote des Gallions d'Efpagne venant du Mexique , fut coulée à fond, & où grand nombre de vaiffeaux François fe virent malheureufement obligés de fe brûler.

d'Hydrographie à Breſt, homme encore plus diſtingué par ſa probité que par
ſes connoiſſances étenduës.

Je ſuis, Monſieur, très-fidellement
à vous. D.

LETTRE SECONDE.

VOus fentez parfaitement, Monfieur, qu'il n'y a point de métier au monde qui exige tant d'habileté, que le métier de la Marine : non cette habileté puifée dans les livres, & qui apprend à difcourir avec je ne fçai quelle oftentation & quelle audace.; mais cette habileté toute de pratique, qui perfectionne le jugement & met l'homme qui la poffede, en état de prendre fon parti dans les occafions les plus difficiles. Auffi un Officier de la Marine (1) doit-il être tout oreilles & tout yeux ;
tout

(1) J'ai ouï dire à des Officiers très-habiles que, depuis qu'ils fervoient, (& ils fervoient depuis vingt-cinq & trente années) ils n'avoient paffé aucun jour fans apprendre quelque chofe de nouveau par rapport au métier. Et combien le métier de la Marine n'eft-il pas étendu, & fertile en événemens ? Combien de manœuvres différentes, combien de coups d'œil & de génie, n'exige-t-il point ? Le nombre des fituations critiques où peut fe trouver
lui

tout oreilles, pour recevoir avidement
les conseils de ceux qui ont plus d'expérience que lui ; & tout yeux, pour
observer finement les diverses situa-
tions où il se trouve, & en tirer des régles de conduite qui lui servent à la mer
comme de points d'appui.

Dans le siécle d'activité de la Marine,
je veux dire celui où vivoient M. de
Tourville Maréchal de France, & MM.
de Preuilly, Gabaret, d'Amfreville, le
Marquis & le Chevalier de Châteaumo-
rand, d'Infreville, de Chabert, Belle-
fontaine, Panhetié, de Relingue, Lieu-
tenans Généraux des Armées Navales :
dans ce siécle, dis-je, les Officiers attentifs & circonspects ne parloient jamais que de leur métier. Toute autre
conversation sembloit leur être inter-
dite. Qu'en arrivoit-il ? C'est qu'on s'in-
struisoit mutuellement, & qu'on profi-
toit des conversations les uns des autres. M. le Maréchal de Tourville avoit
(1) sur-tout un art singulier d'interroger

un vaisseau qui navige, étant infini & infiniment varié.

(1) Les anciennes Ordonnances de la Marine veulent que les Officiers se rassemblent

ceux qui s'étoient trouvés dans des rencontres périlleufes , & de leur demander comment ils avoient manœuvré , & pourquoi ils avoient fait telle ou telle manœuvre. Car il ne vouloit point qu'on agît au hazard & fans quelque motif, fans quelque raifon ; *conduite*, ajoutoit-il , *non moins ordinaire aux timides qu'aux audacieux.* Il expliquoit enfuite ce qu'il auroit fait lui-même, & l'expliquoit d'une maniere fi fimple & fi naturelle , qu'il faifoit oublier fon rang & fa fupériorité. Il parloit en maître; mais en maître qu'on refpectoit , & qu'on aimoit tout enfemble.

La converfation du Maréchal (& il étoit fort fenfible à ce plaifir qui flatte tant les honnêtes gens) pouvoit paffer pour une école continuelle. Ce qu'il

deux fois chaque femaine chez le Commandant, pour traiter des affaires qui regardent le fervice de la Mer. Mais cela n'eft plus d'ufage aujourd'hui. Chacun fe croit trop éclairé, pour recourir aux lumiéres d'autrui. J'en puis parler fçavamment , moi qui ai vu long-temps les chofes de près , & qui par excès de zèle, *ab adolefcentiâ, Reipublica causâ fufcipere inimicitias non deftiti.* Corn. Nepos de n. Port. Cat.

avoit ébauché dans ses entretiens, il le pratiquoit à la mer. L'exécution suivoit (1) de près le conseil donné. Rien ne l'embarrassoit, rien ne l'inquiétoit.

Les Jésuites qui ont procuré tant d'excellens Professeurs de Mathématique à la Marine, avoient alors à Toulon le Pere Hoste, si connu par son recueil des Traités de Mathématique qui peuvent être nécessaires à un Gentilhomme pour servir, tant à la mer, qu'à terre, & qu'on doit encore plus regarder comme le premier Auteur ou même l'Inventeur de la Tactique de la Marine & des évolutions navales. Le Maréchal n'eut point de peine à démêler un pareil homme ; il lui avoua naïvement que sans avoir aucune teinture de la Géométrie, il sentoit pourtant qu'il devoit y avoir

(1) M. le Marquis d'Antin, mort Vice-Amiral, avoit de ce côté-là beaucoup de rapport avec M. le Maréchal de Tourville. Il l'avoit pris pour son modéle ; & suivant toutes les apparences, il l'auroit égalé. Sa mort prématurée a fait aussi une très-grande playe à la Marine. Qu'il est rare de trouver des jeunes gens de qualité, qui s'appliquent & s'instruisent !

quelque science fixe & immuable qui donnât sans erreur les rapports des poids & des mesures, & qui apprît par des calculs sensibles à determiner ces mesures & à évaluer ces poids. C'est ce qui engagea le Pere Hoste à composer son ouvrage sur la construction des vaisseaux. Mais cet ouvrage parut trop sçavant pour le tems où il étoit fait. Une instruction séche & nuë fatigue plus qu'elle n'éclaire les esprits.

On contesta d'ailleurs quelques principes au Pere Hoste ; & son plus grand adversaire qui en appelloit toujours à la pratique, fut le Maréchal lui-même. Comme il n'y avoit personne en état de les juger, ils tombérent d'accord l'un & l'autre de se battre à armes égales, c'est-à-dire, de travailler chacun de son côté à la construction d'une Frégate qui eût même longueur, même largeur & même creux. Les autres proportions devoient dépendre de leur industrie, & des régles qu'ils s'étoient faites.

Quoique le Maréchal eût promis au Pere Hoste que tout seroit égal entre eux, on juge pourtant bien quels avantages il avoit dans un Port, où chacun

fur étoit foumis , où chacun obéiffoit à
fes ordres. Les meilleurs Ouvriers , les
meilleurs bois , les confeils donnés &
reçus à propos , furent le partage du
Maréchal ; tandis que le Géométre ,
laiffé à lui-même , fouffroit des retarde-
mens & des contradictions inévitables.
Les deux Navires étant enfin achevés ,
on les mit le même jour à l'eau. Toute
la Marine étoit accourue à ce fpectacle.
Les deux concurrens s'attiroient juſtement cette curiofité. Le Vaiffeau bâti
par les ordres & fous les yeux du Maréchal , obtint la préférence au premier
coup d'œil. Il la méritoit par le fini de
l'ouvrage , & par une certaine élégance dont les bois mis en œuvre font fuf-
ceptibles. On convint enfuite (& le Pere Hofte ne s'éloigna point de cette penfée) que le vaiffeau du Maréchal méritoit encore la préférence par la bonté de
fa conftruction. Ce qui avoit jetté dans
l'erreur l'habile Géométre , c'eſt qu'il
avoit donné les mêmes façons à l'arriére & à l'avant de fon vaiffeau ; trompé
fans doute par une efpéce de bâtimens
très-communs fur la Méditerranée & qui
s'y comportent au mieux : ce font les Tar-

tanes. Le navire construit par le Pere Hoste, étoit presque rond; ses deux côtés ressembloient à deux segmens de cercle qu'on auroit joints. Il croyoit par là que son Navire diviseroit mieux le liquide où il étoit plongé, ce Navire ne faisoit que tournoyer comme feroit une navette de tisserand dans une baille d'eau à qui on auroit imprimé un mouvement de tourbillon. Mais le Pere Hoste ayant remanié ses premiéres idées, proposa une construction plus parfaite. Les guerres qui survinrent, & dont l'opiniâtreté couta tant de sang à l'Europe, (1) empêcherent qu'on n'y travaillât.

Pendant qu'on essayoit la construction des vaisseaux sur les sciences exactes & Mathématiques, des Physiciens parurent & proposérent une idée qui

____

(1) Outre le Pere Hoste, il y a encore eu à Toulon le Pere Laval, excellent Astronome, & qui a beaucoup perfectionné la Théorie des réfractions du Soleil. Pour le Port de Brest, on y a vû successivement les Peres Toubeau, de la Maugeraye & le Brun. J'ai été lié d'une étroite amitié avec ce dernier, & je puis dire de lui sans flatterie : *quando ullum inveniemus parem ?*

n'étoit point à dédaigner. La nature, di-
» soient-ils, a formé les poiffons pour
» refpirer & vivre, foit dans l'eau dou-
» ce, foit dans la mer : elle leur a don-
» né par conféquent la ftructure la plus
» propre à fendre le liquide, dont ils
» font environnés de toutes parts. Leur
» tête eft fort groffe, le corps va en di-
» minuant, & la queue reffemble à un
» trenchant plus ou moins épais. Que
» ne forme-t-on les vaiffeaux fur ce
» modéle, en enflant leur avant & en
» retréciffant leur arriére ? Cette pro-
pofition n'a jamais été applaudie. Mais
les raifons qui ont concouru à la faire
rejetter, doivent-elles paroître fans ré-
plique ? Car de dire que ne connoiffant
point les caufes finales, nous ignorons
entiérement pourquoi Dieu a donné une
telle forme aux poiffons ; c'eft, je crois,
ne rien dire de concluant & de pofitif.
Defcartes s'eft fur cela bien abufé.

Quoi qu'il en foit cependant, quelques vaiffeaux ont été bâtis avec un
avant plus enflé qu'à l'ordinaire, & avec
un arriére plus maigre. Tels étoient le
S. Michel, le Royal-Louis & le Sceptre.
Mais ce dernier bâti par feu Hubac, fils

G iiij

d'un de ces Conſtructeurs, que M. de Seignelai avoit attirés en France, n'a jamais navigé; & le ſecond, bâti par le célébre Coulon, n'a fait que la traverſée de Toulon à Breſt. Ce n'étoit point aſſez pour juger de ſa marche. A l'égard du Saint-Michel conſtruit par feu M. Goubert, Inſpecteur des conſtructions, il eut le malheur en revenant de la Havane, de perdre ſon gouvernail: & M. du Caſſe qui le commandoit alors, jugea au retour qu'il le falloit ſouffler, c'eſt-à-dire, qu'il falloit groſſir ſon arriére; ce qui fut exécuté au Port-Louis.

Malgré ces autorités, je penſe qu'on pourroit faire encore de nouvelles tentatives; & peut-étre qu'elles réuſſiroient. Une main adroite, à force de tâtonnemens, pourroit enfin s'aſſûrer du rapport qui doit être entre la groſſeur de l'arriére d'un vaiſſeau & la groſſeur de l'avant. Coulon tomboit d'accord qu'il avoit trop amaigri l'arriére du Royal-Louis. J'en ai vû le plan fait & depuis corrigé de ſa main, où il donnoit à la liſſe d'hourdi plus de longueur, & augmentoit les autres parties à proportion.

La figure eſſentielle à un vaiſſeau n'eſt

point encore trouvée. C'est un problême indéterminé, qui contient plus de quantités inconnues que de quantités connues, & duquel par conséquent on ne peut si-tôt se promettre la solution. Le problème du solide (1) de moindre résistance, qui a tant exercé les Géométres à la fin du siécle dernier, n'a répandu aucune lumiére sur ce sujet. Il m'a paru cependant que les habiles Ingénieurs de la Marine, tels qu'étoient Helie & les deux Ollivier, cherchoient à donner des contours paraboliques à l'avant des vaisseaux de guerre : ce qui ne leur réussissoit pas mal. Pour les Fluttes, ils se contentoient de donner à leur avant une forme circulaire ou elliptique.

C'est la partie du navire qui souffre le plus, tant par le poids des mâts, des

______

(1) Ce problême a paru à M. Jean Bernouilli ne point mériter une grande attention. *Sans avoir besoin d'aucun calcul*, dit-il, *sans plume & sans papier, je l'ai résolu dans mon lit, ne faisant que me le représenter fortement par l'imagination.* D'autres Géométres y ont employé plus de temps & plus de peine : mais le Public n'en a pas retiré plus de profit. *Vid. Joh. Bernouilli operum tom. prim.*

G v

cordages & des voiles, qui tend à submerger la proue, qu'à cause de la poussée verticale de l'eau qui tend continuellement à la relever : c'est aussi la partie du navire qu'il est à propos de fortifier, & qu'on fortifie davantage. Car dans les tempêtes & les grosses mers, presque tous les bâtimens larguent de l'avant, & commencent par-là à faire eau. On employe aussi dans ces occasions plusieurs moyens, pour resserer cette partie & la contretenir, comme des estures & des cercles de fer. Au retour de la noble expédition de Rio-Janeiro, M. du Gué Trouin perdit deux des navires de son escadre ; sçavoir le Magnanime, commandé par M. de Courserac, Lieutenant de vaisseau ; & le Fidéle commandé par la Moinerie-Miniac, qui avoit commission de Capitaine de Frégate. On croit que ces navires s'étant ouverts par leur avant, ne purent éviter le naufrage, la mer sur-tout étant haute comme les monts, & les vents forcés. Ils firent les signaux ordinaires d'incommodité, mais il fut impossible de leur porter le promt secours qu'ils demandoient.

J'ai dit que le S. Michel (1) avoit perdu son gouvernail, en revenant de la Havane. On sera peut-être bien aise de sçavoir quel moyen employa M. du Casse, pour le suppléer. Il fit dépasser par ses sabords de la Sainte Barbe deux de ses cables liés ensemble par de bonnes rostures, & il gouverna de cette maniére avec beaucoup d'adresse jusqu'à la Martinique, où il fit travailler à un nouveau gouvernail. On sçait de quelle nécessité il est, & à combien de besoins & d'usages il s'étend. Car quoique ce soit un incomparable, pour me servir de ce terme, par rapport au corps de tout le vaisseau, c'est pourtant lui qui sert à diriger sa route & à lui faire faire tous les mouvemens dont il est capable. C'est

(1) Avant que de commander le S. Michel, M. du Casse avoit long-tems commandé le vaisseau du Roi l'Heureux, & il avoit toujours eu le bonheur de ramener en Espagne les Galions confiés à ses soins, sans en perdre aucun : ce qui faisoit dire l'Heureux du Casse. Il sembloit autrefois que les Navires étoient donnés aux Capitaines, suivant leurs caractéres.

G vj

l'ame, si j'ose ainsi parler, de chaque bâtiment de mer.

En 1732, M. le Chevalier de Luynes (1) fut désemparé de son gouvernail dans le détroit du Sund, par un tems embrumé & des grains fréquens. La mer étoit fort grosse, & la lame courte. M. de Luynes qui connût le danger pressant, remplaça en moins d'une matinée, son gouvernail par le moyen d'un mât de hune de rechange, emboité dans des planches de sapin, & arrêté par deux aussiéres.

On voit par-là combien un génie inventif, un génie plein de feu & de ressources, est utile à la mer, & combien il trouve d'occasions de se faire valoir,

(1) Il commandoit le Conquérant, un des vaisseaux de l'Escadre que commandoit en chef M. le Comte de la Luzerne, Lieutenant général des Armées Navales. Cette Escadre de douze Navires, fût armée à point nommé, & dans le courant d'un mois seul. Toute l'Europe crût que le Roi Stanislas y étoit embarqué : & l'on peut dire que sans des circonstances imprévuës, la flotte Moscovite ne lui eut point échappé. Elle étoit destinée à périr.

& d'occasions qui ne veulent point de
retardement. Mais une chose que je dois
remarquer, c'est qu'à la mer, tout ce
qui peut se faire à bras d'hommes mérite la préférence sur ce qui se fait par
machines : & tout ce qui se fait vîte,
quoique d'une manière grossière, mérite encore la préférence sur ce qui pourroit se faire avec plus d'art, mais plus
de lenteur. En un mot, le service de
la Marine demande deux choses, & des
hommes qui agissent, & des hommes qui
agissent vîte. Sur-tout, point de machines : c'est-à-dire, point d'ouvrages d'un
art recherché, dont le succès dépende,
ou de quelque ressort caché, ou de quelques roues engrainées, ou de quelque
mouvement de pendule. Ces ouvrages
perdent beaucoup à la mer, & se dé-
composent en peu de tems, soit par les
mouvemens brusques & violens dont le
vaisseau est frappé, soit par l'humidité
saline & corrosive, qui rouille & gâte
bien-tôt tout ce qui est de fer & d'a-
cier.

Ainsi, les instrumens faits pour prendre hauteur & qu'on peut tenir à la

main , sont préférables à ceux qui sont placés sur un balancier ou sur un niveau, comme l'instrument proposé par M. de Radouay mort Chef-d'Escadre. Ainsi, les boussoles ordinaires qu'on employe pour s'assurer de la déclinaison de l'aiguille aimantée , & qu'on appuye tout uniment contre le côté du vaisseau , sont préférables aux boussoles suspendues inventées par M. Meynier , Ingénieur de la Marine, & depuis Ingénieur en chef à Saint-Domingue , où il fut tué en faisant sauter un rocher miné. Ainsi, les Odomettres ou les instrumens propres à mesurer sur mer le chemin d'un vaisseau , n'approcheront jamais du coup d'œil d'un Pilote expérimenté qui en voyant courir l'eau de la mer le long du vaisseau, estime plus sûrement son sillage qu'il ne feroit avec toutes les machines proposées jusqu'à présent. Ainsi, (car il faut finir) quoique la roue qui sert au maniment du gouvernail , ait des avantages décidés, sur-tout dans un gros tems & lorsqu'il faut manœuvrer avec vîtesse , il y a encore beaucoup d'Officiers qui préférent à cette roue la manuelle ou le levier que le Timonier fait aller bas-bord & tribord. Ce levier lui est en quelque maniére assujetti : il en dispose à son gré.

J'ai l'honneur d'être, Monsieur, très-fidélement à vous, D....

LETTRE TROISIEME.

QUOIQU'ON ait voulu attaquer mes deux premiéres Lettres, Monfieur, fans qu'on les ait attaquées effectivement, je ne laifferai pas de vous en écrire une troifiéme; & comme les détails vous plaifent, j'y en mettrai le plus que je pourrai. Cet affortiment, Monfieur, leur eft abfolument néceffaire. Car vous le fçavez auffi bien que moi: les Sciences de détail ne s'apprennent que par les détails mêmes. Ils reffemblent aux faits qui inftruifent plus les perfonnes avides d'étudier l'Hiftoire, que tous les raifonnemens politiques, & de pur caprice.

Les premiers Conftructeurs qui ont cherché avec foin quelle étoit la figure effentielle à un Vaiffeau, n'ont pas cherché avec moins de foin quelles liaifons lui étoient les plus propres. Car un Vaiffeau étant un folide compofé d'un très-grand nombre de piéces de bois diverfement figurées, & diverfement arrangées , on ne peut ni les faifir ni les lier trop adroitememt enfemble , crainte que ces piéces ne vinffent à fe quitter & à fe détacher les unes des autres. En ce cas-là , le folide cefferoit d'être ce que fa nature demande qu'il fôit , pour fe foutenir à la Mer , & pour y naviger. C'eft à ce défaut qu'on attribue le naufrage de plufieurs Navires du Roi , qui ont péri *corps & biens* , c'eft-à-dire , fans que rien s'en fauvât. Tel eft entr'autres celui de la Flutte du Roi le Chameau , qui allant en 1725 en Canada & ayant touché la nuit du 26 au 27 Août fur l'Iflôt de la Baleine , vis-à-vis l'Ifle Royale , s'ouvrît précifément, & fe divifa en deux moitiés. L'échoüage fut d'autant plus violent , que cette Flutte avoit fes quatre grandes voiles dehors.

La principale liaifon d'un Vaiffeau eft celle qui unit fes ponts avec les côtés , par le moyen des baux qui foûtiennent & appuyent ces ponts. On fait toutes fortes d'efforts , pour avoir des baux tout d'une piéce. Quand ils font de deux , on entaille les deux démi-baux l'un dans l'autre à queuë d'a-

ronde vers le milieu du Navire, &
on met fous cette entaille une épon-
tille pour l'affurer. Aux deux bouts de
chaque bau, on place une courbe de
bois, dont le bras eft arrêté par des
chevilles fous le bau, & la jambe eft
pareillement chevillée aux préceintes
& aux bordages. On ne fe fert que de
chevilles de fer de 25 à 28 pouces &
de groffeurs convenables, dont on rive
les bouts aux dehors des bordages &
des préceintes, & au-deffus des ferre-
goûtieres qui pofent fur les baux, &
qui les tiennent toujours à une égale
diftance.

Ces baux reffemblent en quelque
maniére aux poutres, qui dans les maifons fervent à porter l'étage fupérieur,
& en même tems à contretenir les murs.
Mais il arrive deux inconvéniens, & à
ces poutres & à ces baux : c'eft que
les bouts qui portent fur les murs & fur
la ferre-banquiére, immédiatement ap-
pliquée aux bordages, fe *mâchent* en
peu de tems : c'eft le terme ufité parmi les Charpentiers de Marine & de
groffes œuvres. De plus, les bouts de
la poutre qui portent fur les murs,

pourriffent au moyen de la chaux &
du mortier : ce qui arrive infenfiblement. Les bouts du bau pourriffent
encore plus vîte , parce que les ponts
allant en dos d'âne des deux côtés pour
laiffer écouler les eaux de mer & de
pluye, il eft impoffible que ces eaux
ne s'infinuent en partie par les fentes
des ferre-goutiéres & des bordages , &
n'y féjourne : ce qui doit caufer une
prompte pourriture.

Sur cela , je propofai il y a quelques
années à Breft d'envelopper de charbon écrafé les bouts de chaque bau ,
& de les renfermer enfuite dans des
boëtes de fer-blanc , pour les garantir
de l'humidité : ce qui a réuffi dans
quelques Vaiffeaux , & n'a point été
continué. On fçait par plufieurs expériences que le charbon pilé eft le meilleur préfervatif qu'on puiffe employer
pour la confervation des bois renfermés , & pourtant expofés à l'humidité.
Les Anglois en font un grand ufage.

Il y a de deux fortes de courbes de
bois : les unes meilleures & plus fortes ; les autres plus foibles & moins
eftimées. Les premiéres font de fou-

ches, ou formées aux pieds des arbres, & servent aux baux du premier pont : les secondes de branches, & servent aux baux du second pont & des gaillards. On ne trouve les courbes de souches que dans les liziéres de forêts, & rarement au milieu où les arbres sont moins sujets à se déjetter, & où ils montent plus droit. Mais ces courbes, ainsi que celles de branches, étant très-rares & très-difficiles à trouver, on a souvent proposé de les remplacer par des courbes à plusieurs piéces. Elles ont eu lieu à Toulon, mais sans succès. On les a depuis abandonnées.

Feu M. Goubert, Inspecteur des Constructions, sous les ordres de M. le Marquis de Langeron qui en étoit Inspecteur Général, proposa heureusement à la place des courbes de bois, proposa, dis-je, des courbes de fer. Celles du premier pont exécutées ressemblent à des triangles, dont un des côtés où le bras s'entaille & se cheville au bau, l'autre côté à une des permiéres varangues ou varangue du fond ; & la base opposée à l'angle du sommet qui est d'environ 80. degrés, empêche que cet angle ne puisse s'ouvrir. Les courbes du second pont, devant être moins fortes, n'ont qu'un bras & une jambe, ou deux côtés sans base, & se terminent en pattes d'oye. On met toujours sous les gaillards de petites courbes de bois, qui sont moins rares à trouver. Comme on me reproche les détails, je me dispenserai d'en dire davantage, à cause des Figures qu'il faudroit faire graver.

Ces courbes de fer sont une des plus belles découvertes modernes, mais une découverte de pratique & d'usage, qui sert infiniment à la Marine. Ces courbes ne sont pas moins solides que durables. On en a deux exemples : 1°. du Magnanime qui sauta en l'air dans la rade de Gibraltar, pendant que M. de Pointis étoit au devant avec son escadre ; toutes les courbes de fer furent repêchées, sans être endommagées : 2°. du Saint-Michel qui toucha dans la rade du Port-Louis, sur un fond extrêmement dur ; il n'y eût aucunes courbes, même faussées. Je conviens que ces courbes, quoiqu'enduites d'un vernis très-épais, sont sujettes à la roüille causée par cette humidité saline, qui régne en tout tems sur Mer. Mais en les repassant au feu, on les fait servir d'un Vaisseau plus fort à un moins fort, d'un Vaisseau du premier rang troisiéme ordre à un du second rang premier ordre.

A l'occasion de ces courbes, je ferai deux remarques importantes. La premiére, c'est qu'il seroit fort à souhaiter qu'on trouvât quelque vernis propre à préserver le fer de la roüille sur Mer. Ce secret ne pourroit être trop payé par les Puissances Maritimes, qui le préféreroient avec raison à tant d'autres secrets de pur éclat & de fantaisie, qu'on leur offre tous les jours, C'est le vrai, c'est l'utile, auquel tous les Physiciens devroient s'appliquer. Le simplement curieux ne mérite qu'une estime passagére. La seconde remarque, c'est que les bois étant d'une rareté extraordinaire dans le Royaume, & au contraire les Mines de Fer y étant très-communes, je crois qu'on pourroit substituer à plusieurs piéces de bois em-

ployées dans un Vaiſſeau , des piéces
de fer également figurées. La dépenſe
en ſeroit moindre , & le poids moindre encore. Mais ce n'eſt point ici le
lieu de donner un pareil calcul , qu'il
me ſeroit cependant aiſé à donner.
Preſque toutes les piéces qui compoſent l'avant d'un Vaiſſeau , pourroient
être de fer , comme les guirlandes ,
les jautteraux , l'éperon , le taille-mer ,
&c.

Je ſçai qu'un habile (1) Conſtructeur
de la Marine , mort il y a quelques
années , rouloit cette idée dans ſa tête.
Il me l'avoit dit pluſieurs fois , & m'a-
voit même ajouté qu'il croyoit que les
baux pouvoient être de fer. Je ſçais
qu'un autre (2) Conſtructeur, non moins
habile , fait ſur cela pluſieurs eſſais en

______

(1) M. Ollivier, dont on a quelques petits
Mémoires ſur la Conſtruction des Vaiſſeaux ,
leſquels mériteroient bien d'être imprimés. Il
avoit été fait Chevalier de Saint Louis.

(2) M. Geſlain mort à Rochefort , depuis
que cette Lettre a été écrite. Il avoit ſéjour-
né quelque tems en Hollande & en Angleterre , où il avoit acquis d'aſſez grandes connoiſſances , enſévelies avec lui. C'eſt une vraye
perte. Car il n'écrivoit rien.

petit : & il y a apparence que ces essais,
réussiront en grand, lorsque la Marine,
recommencera son ancien cours. Qu'il,
est à souhaiter que cela arrive bien-tôt.
comme il y a apparence que cela va arriver sous les yeux d'un Ministre qui veut
tout voir & tout examiner par lui-même !

    Malgré la bonté généralement recon-
nue des courbes de fer, feu M. Masson,
Chef des Constructions à Rochefort,
inventa les entremises & les employa sur
le Navire du Roi l'Ardent, un des plus
beaux qui jamais ayent été construits.
Ces entremises demandoient deux choses ; premiérement, du bois de chêne
très-sain & très-sec, sans félure & sans
gelivure, propre à s'entailler à queue
d'aronde aux bouts de chaque bau ; en
second lieu, une précision infinie dans
la maniére de les entailler, & un travail
dont peu de Charpentiers sont capables.
Mais on pouvoit les y apprivoiser, &
la peine auroit été suivie de succès heureux. Car quelle facilité ne donnoient
point ces entremises un jour de combat, pour se manier avec adresse dans
des lieux très-resserrés, & pour servir
les canons ? Quel espace : quelles commodités

modités n'avoit point un Vaiſſeau à entremiſes pour le ſoulagement des équipages & l'arrangement des uſtenſiles
néceſſaires à ce Vaiſſeau.

Elles ont été cependant condam-
nées, à cauſe de la préciſion qu'elles
exigent. Mais cette préciſion n'eſt point
impoſſible, puiſque l'Ardent commandé par M. de Gabaret, alors Capitaine
de Vaiſſeau, & depuis mort à Toulon
Chef d'Eſcadre, tira plus de 3600
coups de canon dans la Campagne qu'il
fit en 1727, à la ſuite de l'Eſcadre du
Marquis d'O, Lieutenant Général des
Armées Navales. Les entremiſes ne
ſouffrirent aucun ébranlement, ni aucune altération. L'Ardent a depuis été
brûlé.

Les liaiſons que je viens de décrire,
ſont celles qui aſſûrent & qui réaliſent,
pour ainſi dire, la figure donnée à un
Vaiſſeau. Car pour ſa figure eſſentielle,
je penſe vous avoir dit dans ma derniére Lettre, qu'elle n'étoit point encore trouvée, & que c'étoit un problême indéterminé, qui contenoit plus

de quantités inconnues que de quantités connues. Sans être profond Géométre, (car Dieu merci, vous ne l'ê-
tes point,) vous avez senti parfaitement que je voulois dire seulement que
nos connoissances actuelles & acquises
n'étoient point suffisantes pour résoudre ce problême, & que nous avions
besoin d'en acquerir d'autres, que le
tems , les réflexions, les expériences
successives pouvoient amener. Quoi de
plus juste , & de plus facile à entendre !

Si vous me demandez présentement
pourquoi de deux Navires qui ont même longueur de quille , le plus étroit
porte mieux la voile que le plus large ;
je répondrai que la pratique immémo-
riale des Maîtres-Mâteurs étant de donner au grand mât trois fois & demie la
longueur du maitre-bau, (les autres
mâts augmentent à proportion), plus
un Vaisseau est large , plus sa mâture
est élevée, plus les cordages & les pou-
lies indispensables au service qu'elle
exige, ont de poids & de grosseur. Mais
cela ne peut arriver qu'on ne mette un
poids équivalent dans le fond de calle,
pour contretenir le Vaisseau , sans quoi

Il *vireroit* ou feroit *capot*. Il fuit de-là
deux chofes : l'une, que plus un Navire eft étroit, moins il a de hauteur,
ou comme on dit dans la Marine, de
foüet de mât, moins il s'enfonce dans
l'eau, moins il en déplace ; l'autre,
que plus un Vaiffeau eft étroit, moins
il a le *nez* dans l'eau, parce que l'im-
pulfion verticale eft alors fupérieure
à l'effort de la pefanteur des mâts,
vergues, cordages & voiles qui tend
à le plonger de l'avant. Par cette im-
pulfion, un Vaiffeau étroit eft comme
foûlevé : & pour peu que fon avant
foit hardi, il porte fiérement la voile.
Ce font-là des termes du métier.

J'ai dit que les principales liaifons
d'un Vaiffeau étoient celles, qui joi-
gnoient les ponts aux deux côtés. Je
dirai maintenant que chaque partie
dans ce Vaiffeau, a une liaifon qui lui
eft propre : & comme toutes ces parties font furbordonnées les unes aux
autres, les liaifons qu'elles demandent,
fuivies avec art & ménagées avec pru-
dence, confpirent au même but. Mais
le détail en feroit ici trop long, peut-
être même impoffible, par le grand

nombre de Figures qu'il faudroit faire graver. Je dirai seulement que le véritable moyen de s'en instruire, est d'aller passer un certain nombre d'années dans chacun des grands Ports du Royaume : deux par exemple à Brest, deux à Rochefort, deux à Toulon, & de voir de ses propres yeux plusieurs constructions & plusieurs radoubs de Vaisseaux. Cette étude de détail & d'observation, étude où un homme de génie se feroit jour au travers des pratiques & des raisonnemens hasardés des ouvriers, au travers des tentatives qu'un succès favorable accompagne quelquefois, au travers des difficultés qui naissent du tems, des lieux, de la qualité des bois, des ordres qu'on reçoit de hâter ou de retarder un ouvrage : cette étude, dis-je, vaudroit bien une application persévérante aux plus grandes spéculations de la Géométrie.

Il me reste encore à vous dire un mot, Monsieur, de ce qu'on appelle la fermeture d'un Vaisseau. Elle consiste à le border, ou à le couvrir en dehors de planches épaisses depuis 3 jusqu'à 7 pouces, en commençant par la quille, & continuant jufqu'à fes hauts. Ces planches font pofées horifontalement & cloüées fur les membres du Vaiffeau, qu'elles affujettiffent à leur tour : & comme elles laiffent toujours quelque vuide entre leurs joints, on remplit ce vuide d'étoupes préparées, & on enduit de quelque matiére bitumineufe imprégnée de foufre les bordages qui doivent être fubmergés. Pour les autres, on fe contente de paffer par-deffus du bray gras, afin de garentir le bois, tant des ardeurs du Soleil, que de l'humidité corrofive qu'on éprouve fur Mer.

A l'égard des dedans du Vaiffeau, on fe contente de les vaygrer, c'eft-à-dire, de clouer auffi horifontalement fur les membres en dedans, & d'y placer des planches moins épaiffes que celle du dehors. Le vaygrage ne fe met point près-à-près, afin que l'air puiffe circuler entre les membres du Vaiffeau, & l'humidité s'en évaporer. C'eft une attention qu'il faut néceffairement avoir, & que les Conftructeurs appellent *conftruire tant en plein qu'en vuide.* Autrefois les membres étoient renfermés entre le bordage & le vaygrage. L'air n'en pouvoit approcher. On fent aujourd'hui tout l'inconvénient de cet ufage.

Dans les premiéres années de la guerre qui a été terminée par la paix d'Utrecht, on prit quelques vaiffeaux de guerre Anglois qui étoient vaygrés obliquement : c'eft-à-dire, qu'au lieu d'être pofées horifontalement, les vaygres étoient pofées fucceffivement en lozanges ou plûtôt en croix de Saint-André : ce qui empêchoit les membres de monter ni de defcendre, comme il pouvoit arriver aux Navires dont les vaygres font horifontales. Mais enfin ces derniéres ont prévalu : & la raifon qu'en apportent les Conftructeurs mérite d'être mûrememt pefée.

Tout Vaiffeau, difent-ils, qui eft vaygré obliquement, a fes membres trop preffés & comme emmaillotés, fes varangues trop ferrées les unes par rapport aux autres, pour pouvoir fe procurer les mouvemens néceffaires. Or, les mouvemens auxquels tout Vaiffeau eft fujet, non feulement font brufques & violens, mais encore variés à l'infini ; de forte que pour bien aller, il faut que ce Vaiffeau obéiſſe à la vague & prenne en quelque maniére des plis différens : ce qui ne peut ſe faire : quand il eſt vay gré obliquement. Donc on a eu raiſon de revenir à l'ancienne maniére : les Anglois même y ſont revenus. Les Conſtructeurs confirment tout cela par un exemple, qu'il ne faut point interpréter à la rigueur. Qu'un homme veuille courir, il ôtera certainement ſon habit, ſa veſte, & tout ce qui pourroit le gêner. Car en courant, le corps doit ſe donner certaines inflexions, ſe tourner & ſe détourner à propos : ce qui lui ſeroit impoſſible de faire, s'il étoit trop ſerré. Il faut donc pour la courſe une certaine aiſance, je ne ſçai quelle liberté de ſes membres. Point trop de gêne, ni trop de contrainte.

De-là vient l'uſage où ſont les plus fameux Corſaires, & ſur-tout ceux de Saint-Malo, de ſcier le plat-bord de leurs Vaiſſeaux, lorſqu'ils ſont pourſuivis par un ennemi qui leur eſt ſupérieur en force, & auquel ils ne peuvent échapper que par la fuite. En ſçiant ce plat-bord, ils délient, pour ainſi parler, les allonges de revers & donnent beaucoup de jeu aux hauts du Navire. Ils croyent par-là hâter sa marche, & lui faire plus fiérement porter la voile. Pardonnez-moi ce terme répété. Je crains qu'il ne choque encore les oreilles trop délicates des Critiques impolis & facheux.

J'ai l'honneur d'être, Monsieur, très-fidélement à vous. D.....

NOUVEAU
TRAITÉ
DES
VENTS.

H v

*Descendant tamen homines ex
prœaltâ turri, ex quâ Naturam à
longè tantum despiciunt, & circa
generalia nimiam occupati sunt. Si
attentiùs & diligentiùs particula-
ria aspicient, magis vera & utilis
erit non comprehensio.*

*Bac. Verul. de augm.
Scientiarum.*

NOUVEAU TRAITÉ

DES

VENTS.

L Es Vents semblent en quelque maniére dédommager l'homme des
aîles que la Nature lui a refusées. Il s'en
sert pour naviger heureusement, &
pour donner de la vie & de l'agilité à
des masses énormes & pesantes. Les Navires se métamorphosent par ce moyen
en autant d'oiseaux.

J'entreprens ici, pour l'utilité de la
Navigation, d'écrire l'histoire des Vents
& d'expliquer les principaux Phénoménes qu'elle me présentera. Cette matiére est toute neuve & mérite qu'un,
Physicien l'éclaircisse. Car comment
peut-on rendre raison d'un Météore
qu'on ne connoît que superficielle-
ment &, si je l'ose dire, par parcelles?

H vj

Ainſi je ne m'étonne point ſi les efforts de ceux qui ont juſqu'ici traité des Vents, ont été peu utiles, & peu déciſifs. Ils n'en avoient point d'hiſtoire exacte & ſuivie.

Le Chancelier Bacon, un des premiers Reſtaurateurs de l'eſprit philoſophique, nous a fait voir la néceſſité d'une pareille hiſtoire. Il en a même donné le plan auquel j'ai tâché d'ajuſter mes idées. Pour ſon éxécution, il s'en faut bien qu'elle ſoit auſſi heureuſe que ſon projet.

Le célébre Deſcartes a riſqué ſuivant ſon ordinaire, une explication fort ingénieuſe des Vents par le moyen des Æolipiles. C'eſt dans le quatriéme livre de ſes Météores.

Depuis ce grand homme qui a, pour ainſi dire, nettoyé la raiſon, on n'a rien vû de bien ſatisfaiſant, ni de bien régulier ſur les Vents. J'en excepte pourtant le Mémoire que Monſieur Mariotte a inſéré dans ſon Traité du Mouvement des Eaux, & ce qui ſe trouve ſur cette matiére dans quelques Relations, & entre autres dans celles qui ont été compoſées par des Voyageurs Anglois ou Hollan-

dois. Car pour les Efpagnols & les Portugais, quoiqu'ils foient les premiers qui
ayent tenté des voyages de long cours,
on peut dire fans crainte qn'ils ont été
plus attentifs à étendre leur domination
& leur commerce, qu'à faire des obfervations Phyfiques.

En dernier lieu, le Docteur Halley a
enrichi les Tranfactions philofophiques
de plufieurs remarques qui ont rapport
à l'hiftoire des Vents, & qu'il a lui même fçavamment recueillies dans fes différens Voyages. J'en ai profité avec
d'autant plus de plaifir, qu'elles m'ont
paru s'accorder avec d'autres remarques
manufcrites, qui m'ont été communi-
quées. Les unes & les autres rappro-
chées avec art pourront fervir à illuf-
trer une des plus importantes parties de
la Météorologie.

Réflexions générales sur les Vents.

LE Vent n'est proprement qu'un courant d'air, ou (si l'on veut un peu plus développer cette idée) c'est le mouvement de l'air qui en se dilatant passe d'un lieu où il est trop resserré en quelque autre où il trouve plus de facilité pour s'étendre.

On peut compter autant de vents qu'il y a de degrés dans l'horison. Mais en faveur des Navigateurs qu'une trop grande précision gêneroit, on n'a divisé la Boussole qu'en 32 airs ou rhumbs de Vents. Je me servirai des noms qu'on leur donne communément dans la Marine. Il sera toujours aisé de les comparer avec ceux qui étoient en usage chez les anciens.

Je distingue trois sortes de Vents : les uns constans & uniformes, les autres périodiques, les autres enfin changeans & variables. Cette division sert de fondement à tout ce Traité.

1°. Les Vents constans & uniformes

font ceux qui soufflent toute l'année d'un même côté, & fans aucune variation confidérable. Je ferai voir dans la fuite de ce difcours que, fi toute la furface de la terre n'étoit que de l'eau, il régneroit entre les Tropiques un Vent d'Eft général & perpétuel, & par dela les Tropiques, du côté du pôle Septentrional un Vent de Nord-Eft, & du côté du pôle Méridional, un Vent de Sud-Eft, auffi général & perpétuel. Mais à caufe que de grands continens rompent, pour ainfi dire, la continuité de l'Ocean, il faut avoir égard à la nature des terres & à la fituation des hautes montagnes, qui me paroiffent les deux caufes principales de la variation des vents.

2°. Les Vents périodiques, qu'on peut auffi nommer anniverfaires, font ceux qui foufflent à un tems préfix de l'année, qui durent un certain nombre de mois ou de jours, & qui ne paffent point les bornes que la nature leur a affignées. Tels font les vents Etéfiens, dont Pline & Strabon parlent fi fouvent, les vents Alifés, les Mouçons, & même les Ouragans.

Tel est encore le vent de Nord-Ouest, que les Levantins nomment vent Maëstral, & qu'on peut regarder comme une des causes du débordement du Nil. Ce Vent commence vers le 5. ou 6. de Juin, & dure quatre ou cinq mois de suite, sans aucun changement considérable. Comme il souffle droit aux embouchures du Nil, il empêche ses eaux de s'écouler dans la mer, & les oblige par ce moyen de remonter. Je ne donne point ce Vent de Nord-Ouest pour l'unique cause des inondations du Nil. La principale, sans contredit, ce sont les pluyes fréquentes qui tombent dans l'Ethiopie, où se voyent ses sources.

Qu'on me permette d'expliquer ici en peu de mots ce qu'on entend par Mouçons. Ce sont des Vents qui soufflent six mois de suite du même côté, & les autres six mois du côté opposé. Ils partagent l'année en deux parties égales. On ne connoît ces Vents, qui servent, pour ainsi dire, par semestre, que dans la mer d'Arabie, dans le Golfe de Bengale, dans les mers de la Chine & du Japon, vers les Isles de la Sonde & des Moluques.

On doit ici remarquer que dans les endroits où régnent les Mouçons, les courants vont comme le vent & changent aussi deux fois l'année; mais cependant avec quelque différence.

3°. Les Vents changeans & variables sont assez indiqués par leurs noms, sans avoir besoin d'aucune autre définition.

En général tous les Vents qui soufflent fort proche de la Terre, sont sujets à une si grande variété & à une si prodigieuse inconstance, qu'on n'en peut rien dire de certain. Aussi ne parlerai-je que de ceux qui soufflent en pleine Mer, & à quelque distance des côtes. Ce qui mérite d'être exactement remarqué pour la suite de ce discours. Auprès des côtes, les Vents sont fort changeans, tant à cause des Bois & des Montagnes qui les couvrent, qu'à cause de la nature des terres plus ou moins propres à former des exhalaisons.

Je dirai ici que dans les mers d'Europe, les Vents sont extrêmement variables. J'ai cependant oui dire à des Navigateurs habiles & expérimentés, que, lorsque le tems étoit clair & serein, & qu'il n'y avoit aucune apparence de pluye, on pouvoit compter fur un Vent d'Eft, qui fraichiffoit à mefure que le Soleil gagnoit le Méridien.

Des Vents qui régnent dans l'Océan.

JE diviferai avec tous les Hydrographes, l'Océan en trois parties, qui font 1°. la Mer du Nord, 2°. la Mer des Indes, 3°. la Mer du Sud.

Je renvoye à quelqu'autre Mémoire les remarques que j'ai recueillies fur les Vents qui régnent dans la Mer Méditerranée, la Mer Noire : la Mer Rouge & le fein Perfique.

Des Vents qui régnent dans la Mer du Nord.

LE départ des Vaisseaux qui arment sur les Côtes de France, est assez incertain. Ils sont obligés d'attendre plusieurs jours que le vent soit fait, pour appareiller. De-là naissent de fréquentes relâches. On ne trouve les Vents assûrés qu'aux Isles Canaries. Outre la fertilité du climat qui les a fait nommer par les Anciens les Fortunées, on peut dire encore qu'elles méritent ce nom, parce que les Vents cessent d'y être variables, & qu'on commence à naviger avec plus de sûreté.

Il ne paroît pas que les Navigations des Anciens se fissent autrement que celles de nós Galéres, qui se hazardent d'aller rarement en pleine mer, & ne perdent presque point la terre de vuë.

Depuis 1492. que se fit la premiére découverte de l'Amérique par Christophe Colomb, jusqu'au commencement

du feiziéme fiécle , les Navigations furent plus hardies ; mais longues, incom-
modes , périlleufes. Faute de connoître
les faifons propres pour partir, & à quelle hauteur fe rencontrôient les Vents
conftans ou alifés, les Vaiffeaux étoient
fouvent obligés de relâcher, & les équipages fe confumoient inutilement , ou
dans des Ifles défertes , ou fur des Côtes
barbares. Cela fe voit fur tout par le
Recueil des voyages que la Compagnie
Hollandoife des Indes Orientales à fait
imprimer. Mais au commencement du
dernier fiécle, cette partie de la navigation qui regarde les Vents , fe trouvant beaucoup perfectionnée , les voyages s'abregérent extrêmement. On con-
nut & dans quelle faifon il falloit partir,
& à quelle hauteur fe rencontroient
les vents les plus favorables, pour faire
fa route en moins de tems qu'il fe pouvoit.

Dans toute la mer du Nord , entre
les deux Tropiques, le vent d'Eft régne
pendant tout le cours de l'année, & ne
paffe jamais le Nord-Eft ou le Sud-Eft,
ce font là fes limites.

1°. Quand on a paſſé les Canaries, ſi l'on met le Cap au Sud, pour courir le long des Côtes d'Afrique, on eſt ſûr de rencontrer par les 28. degrès de latitude Septentrionale, le vent de Nord-Eſt, qui ſouffle ſans aucune variation conſidérable juſqu'au dixiéme degré de la même latitude : & depuis ce dixiéme degré juſqu'au quatriéme, les Vents ſont moins conſtans. Voici ce qu'on en peut dire de plus certain.

En Janvier, Février & Mars, les vents de Nord-Eſt régnent juſqu'au quatriéme degré de latitude Septentrionale.

Dans les ſept mois ſuivans le Nord-Eſt ne s'étend que juſqu'au huitiéme degré de la même latitude, & le vent de Sud-Eſt y commence.

En Novembre & Décembre le Nord-Eſt régne juſqu'au cinquiéme degré de la même latitude Septentrionale, & le Sud-Eſt y commence à ſouffler.

Les Vaiſſeaux qui depuis le dixiéme degré s'approchent trop près de la côte d'Afrique ſont ſurpris de calmes & de Vents, qui en moins d'un quart-d'heure font le tour du compas. Les Portugais qui fe font les premiers établis en Guinée , les appellent *Tornados*.

2°. Ceux qui vont vers les Ifles Antilles , profitent de ce même vent de Nord-Eft qui les conduit heureufement depuis Madére jufqu'à l'Amérique. Mais ils s'apperçoivent que ce Nord-Eft devient plus Eft de quelques rhumbs , à mefure qu'ils s'approchent de terre.

Cela fait que prefque tous les Vaiffeaux qui vont aux Antilles , y arrivent heureufement. Quelquefois , même ils font cette traverfée fans qu'on foit obligé de toucher aux voiles. Les plus grands périls font auprès de la terre , comme dans le Canal de Baham , fameux par plufieurs naufrages de Vaiffeaux Efpagnols.

On voit affez par ce que je viens de dire , que les Vaiffeaux ne s'en retournent de l'Amérique en Europe que très-difficilement. Le même vent de Nord-Eft qui les y conduit , nuit à leur retour. C'eft pourquoi ils s'élévent le plus haut qu'ils peuvent vers le Nord , pour trouver les Vents variables, avec lefquels ils gagnent l'Europe.

Depuis le quatriéme degré de latitude Septentrionale jufqu'au vingt-cinquiéme ou vingt-fixiéme degré de latitude Méridionale , les Vents font généralement & perpétuellement Sud-Eft , avec cette différence qu'ils prennent plus de l'Eft à la côte de l'Amérique & plus du Sud à la côte d'Afrique, principalement à celle d'Angole. Les navigateurs ont remarqué que , lorfque le Vent étoit à plein au Sud , il faifoit un tems clair, ferein & une petite fraîche approchante affez d'un calme. Au contraire , lorfque le Vent prenoit de l'Eft, il devenoit violent , obfcur & quelquefois pluvieux.

Le long de la Côte du Brefil, le Vent fouffle ordinairement depuis Septembre jufqu'en Mars du côté de l'Eft , prenant un peu du Nord : & depuis Mars jufqu'en Septembre , les Vents régnent la plûpart du tems de l'Eft Sud-Eft & du Sud-Eft, felon qu'on eft éloigné ou proche de terre. Car tout à terre le Vent de Sud fe fait fentir.

Les Vents de Nord-Eft & de Sud-Eft

dont je viens de parler, font affez con-
nus fous le nom de Vents Alifés, leurs
bornes s'étendent prefque également de
chaque côté de la ligne Equinoctiale. Il
eft bon de remarquer ici, qu'entre la
paffade des Vents de Nord-Eft & de
Sud-Eft, les Vents font fort variables.

Monfieur Halley qui a fait plufieurs
voyages en Afrique, a obfervé que,
lorfque le Soleil étoit au Tropique du
Capricorne, le Nord-Eft devenoit plus
Nord, & le Sud-Eft plus Eft. Au contraire, lorfque le Soleil eft au Tropique
du Cancer, le Nord-Eft Alifé devient plus
Eft & le Sud-Eft Alifé plus Sud, principalement dans cette étendue de Mer
qui eft d'environ cinq cens lieuës entre
le Brefil & la baffe Guinée, & qui eft la
partie la plus étroite de la mer du Nord,
Cela fait que les Vaiffeaux qui vont au
Sud ont une peine infinie à la paffer,
dans les mois de Juillet & d'Août.

Entre les 26. & 37. degrés de latitude Méridionale, depuis les Ifles de
Triftan d'Acunha, jufqu'au Cap de Bon-
ne-Efpérance, les vents d'Oueft régnent
dans les mois de May, Juin, Juillet &
Août,

Août, qui font les mois d'Hyver. Mais dans les mois de Décembre, Janvier & Février, qui font les mois d'Eté, les Vents font variables & accompagnés d'orages.

Ce vent d'Oueſt régne également de chaque côté du Cap de Bonne-Eſpérance, nommé d'abord par les Portugais le Cap des Tourmentes, parce qu'il eſt rare que les Vaiſſeaux qui le doublent, n'y ſoient ſurpris de quelques tempêtes.

De la Mer des Indes.

QUAND on a passé Madagascar ou l'Isle Dauphine, à l'Est, on trouve la Mer des Indes si fréquentée aujourd'hui par toutes les Nations de l'Europe.

Dans le Canal de Mozambique, entre Madagascar & la côte de Soffala, les Vents soufflent pendant six mois du côté du Nord, & pendant les six autres mois du côté du Sud. Le Sud prenant beaucoup du Sud-Sud-Ouest, commence en Avril & dure jusqu'à la fin de Septembre. Le vent de Nord commence en Octobre, & on ne navige guéres pendant ces six mois dans le Golfe de Mozambique.

Quand on a passé la ligne Equinoctiale, plus on va vers le Nord, plus on trouve que les Vents prennent du Sud-Ouest, de l'Ouest-Sud-Ouest, & deviennent à la fin tout-à-fait Ouest. Ce qui favorise extrêmement les Navires qui vont reconnoître la Côte d'Afrique, &

fur tout le Cap Saint-Jean, pour aller à Surate.

Cette côte d'Afrique eft très-reconnoiffable par la grande quantité de Couleuvres qu'on voit nager fur l'eau.

Au Cap de Guardafuy, vers l'Ifle de Zocotora & à l'ouvert de la mer Rouge, les Vents font Eft & Eft-Nord-Eft en Janvier, Fevrier & Mars, mais fort violens. En Avril & May ils font en beauture & propres pour entrer dans le Golfe.

Depuis le trentiéme degré de latitude Méridionale, jufqu'au dixiéme entre Madagafcar & la nouvelle Hollande, qui eft une des terres Auftrales, le vent Alifé qui y fouffle toute l'année eft Sud-Eft, comme dans la mer du Nord. Ce Sud-Eft paroît prefque toujours affez égal, & la mer eft unie, belle dans tout les endroits où il fouffle.

Entre la ligne Equinoctiale & les dix ou onze degrés de latitude Sud, les Vents régnent pendant fix mois du côté de l'Eft, & pendant les fix autres mois du côté de l'Oüeft ; ce qu'on appelle Mouçon.

I ij

La Mouçon de l'Est commence en May, & dure jufqu'à la fin d'Octobre : la Mouçon de l'Ouëst commence en Novembre , & ceffe à la fin d'Avril , un peu plutôt, un peu plus tard. Et c'eft ce qui fait qu'on tient les mois d'Octobre & d'Avril pour avoir des Vents variables.

Le long des côtes de l'Ifle de Java , comme auffi au Nord de toutes les Ifles qui font depuis Java, jufqu'à Solor & Timor, il y a pareillement deux Mouçons. Le vent d'Ouëst commence en Novembre , & amene beaucoup de pluyes & d'orages ; il s'affoiblit dans le mois de Février & dure jufqu'à la fin de Mars. Le vent d'Est commence en May & amene le beau tems.

Il eft à propos de remarquer ici que dans tous les lieux dont je viens de parler , les courans font extrêmement rapides & changent auffi deux fois l'année. Ils ne changent pas à la vérité auffi vîte que le vent , mais environ un mois après. Ce qui fait que dans les mois d'Avril & d'Octobre les courans vont contre le vent.

Il est assez difficile de déterminer au juste les vents qui régnent dans cette partie de la mer des Indes, qui est comprise entre le cent vingtiéme & le cent cinquante-sixiéme degré de longitude, & qui est toute couverte de terres.

Entre Banca & Borneo, les Vents soufflent comme auprès de l'Isle de Java; mais aux environs de l'Equateur les Vents sont variables, & les pluyes fréquentes. Même on a remarqué qu'il ne se passoit point de jour à Borneo, où il ne tombât de la pluye. Au contraire vers le Isles Molucques & jusqu'à la nouvelle Guinée, la Mouçon de l'Ouëst souffle du Nord-Nord-Ouëst, & la Mouçon de l'Est du Sud-Sud-Est. Le vent de Nord, contre ce qui arrive ordinairement, amene les pluyes, & le vent de Sud cause une grande sécheresse.

A l'Est du Détroit de Malaca, le long des Côtes de Camboge & de la Chine, les Mouçons soufflent Nord & Sud, avec une constance & une régularité étonnantes. Le Nord prenant un peu de l'Est, commence en Octobre; le Sud prenant un peu de l'Ouëst, commence en May, & dure pendant les mois d'été.

Les mêmes Mouçons soufflent dans le Golfe de Bengale & dans la mer d'Arabie, depuis Ormus jufqu'à Surate. Mais dans le Golfe de Bengale, ces Vents molliſſent beaucoup, & les calmes font fréquens.

Les Vents contraires, ou les Mouçons ne changent pas tout-à-coup : mais ils font précédés de vents variables, d'orages & de tempêtes. Les deux derniers mois de la Mouçon Sud dans les mers de la Chine, & le dernier mois de la Mouçon Sud-Ouëſt à la côte de Coromandel, y font principalement fujets. La violence de ces tempêtes, qu'on nomme communément Ouragans, eſt ſi grande, que les Vaiſſeaux ne peuvent point alors tenir la Mer, & font en danger de donner à la Côte. L'habileté des Pilotes Aſiatiques conſiſte à bien prendre la Mouçon pour l'allée & le retour, & à rentrer dans les Ports pendant les mois où les Ouragans ſe font craindre.

On connoît aux Antilles ces sortes de tempêtes, & elles arrivent ordinairement au mois d'Août.

On pourroit aussi nommer Ouragans ces coups de Vent qui se font sentir sur toutes nos Côtes, vers le tems des Equinoxes, & qui y causent beaucoup de naufrages.

Des Vents qui régnent dans la Mer du Sud.

IL est assez difficile d'embouquer le Détroit de Magellan, en venant par la mer du Nord. Mais quand on l'a une fois passé, la Navigation de la mer du Sud, devient très-aisée. Cette mer est particuliérement fréquentée par les Espagnols, qui vont des côtes de la Nouvelle-Espagne aux Philippines.

Plusieurs Vaisseaux François ont fait le même Voyage ces années derniéres, & ils ont été par la même route aux grandes Indes & à la Chine. J'ai tiré de leurs Journaux ce que je vais rapporter.

Dans la mer du Sud, le Vent qui prédomine au Nord de l'Equateur est entre le Nord & le Nord-Est, & au Sud de l'Equateur entre le Sud & le Sud-Est : ce qui est si constant & si général que les Vaisseaux font ordinairement ce trajet, sans presque toucher à leurs voiles. Les Géographes croyent à cause de cela que le voyage de la Chine & du Japon est aussi court par la mer du Sud que par la mer des Indes. Mais je dois observer que l'on ne passe plus par le Détroit de Magellan , & que l'on va chercher la nouvelle mer du Sud, découverte en 1616. par Jacques le Maire & Guillaume Schouten.

Réflexions générales sur l'Histoire des Vents.

TOus les Phénoménes que je viens de rapporter sont infiniment curieux, & n'ont jamais été bien expliqués : ils méritent cependant l'attention des plus habiles Physiciens, tant à cause de leur durée & de leur uniformité, que parce que la moitié de notre Globe y est intéressé.

On peut réduire toute l'histoire des Vents à plusieurs Problêmes, dont la résolution me paroît assez importante. Je dirai naïvement ce que j'en pense, toujours disposé à condamner mes idées, dès qu'elles ne s'accorderont point avec la bonne Physique, je veux dire l'expérimentale & non la systématique.

PREMIER PROBLEME.

LE Problême le plus considérable qu'on propose ordinairement sur les Vents, regarde le vent d'Est, qui souf-

fle fi conftamment entre les Tropiques.
Voici ce qu'on en peut dire de plus certain.

Les rayons du *Soleil* paffent continuellement fur cette partie de l'air & de
l'Océan, qui eft comprife entre les Tropiques, & le Soleil y agit toujours avec
une vivacité prefque égale. Cela fuppofé, je dis, 1°. que l'air le plus rarefié
par la chaleur du Soleil & par conféquent moins pefant, doit monter vers
le haut de l'Atmofphére avec autant de
viteffe qu'il eft rarefié. 2°. Qu'il eft néceffaire qu'un air moins rarefié & par
conféquent plus pefant, vienne prendre
fa place, pour conferver l'équilibre.

Je dis, 3°. que le Soleil tirant continuellement vers l'Ouëft & entraînant
avec lui tout le Ciel, doit auffi imprimer ce mouvement à l'air qui enveloppe, pour ainfi dire, la terre, & l'obliger à fe mouvoir d'Orient en Occi-
dent.

Ainfi, il fe forme un vent d'Eft général & perpétuel, qui étant répandu fur
tout l'air de l'Océan, fes parties fe
pouffent les unes les autres : & ce qu'il
y a de mouvement perdu, fe recou-

vre au prochain retour du Soleil.

Il suit de ce que je viens de dire, que ce vent d'Est au Nord de l'Equateur doit être Nord-Est & au Sud de l'Equateur Sud-Est. En voici la raison.

Auprès de la ligne Equinoctiale l'air est beaucoup plus raréfié que sous les Tropiques, puisque le Soleil y est deux fois l'année vertical, & ne s'en éloigne pour sa plus grande distance que de vingt-trois degrés & demi. Sous les Tropiques au contraire, quoique le Soleil soit une fois l'année vertical, il s'en éloigne cependant de quarante-sept degrés, ce qui est une espéce d'Hyver où l'air se rafraîchit assez. Ainsi étant moins raréfié sous les Tropiques que vers l'Equateur, il s'enfuit que des deux côtés, il y doit tendre avec une vitesse presque égale. Mais ce mouvement de Nord étant combiné avec celui d'Est qui est propre à tout l'air qui environne la terre, doit produire un Vent de Nord-Est au Nord de l'Equateur, & un vent de Sud-Est au Sud de l'Equateur; c'est-à-dire, que les Vents Alifés sont composés de deux Vents différens, dont le rapport peut s'exprimer par les deux 'côtés d'un parallélogramme, ainſi qu'on exprime les deux forces contraires qui agiſſent en même temps ſur un corps mû uniformément.

SECOND PROBLEME.

Ce que je viens de dire ſuffit pour donner une juſte idée des Vents Aliſés. Mais il ſeroit curieux de pouvoir rendre raiſon pourquoi ils ne paſſent guéres les vingt-huit degrés de latitude de chaque côté de la ligne Equinoctiale, ſoit dans la mer du Sud, ſoit dans la mer du Nord.

Il ſeroit également curieux de pouvoir rendre raiſon pourquoi ſous la ligne les calmes ſont ſi communs. Les Vaiſſeaux y reſtent quelquefois des mois entiers faute de vent, & ſans preſque changer de place. Il y en a même qui y ſont péris, parce que les équipages ſe conſumoient miſérablement par la trop grande ardeur du Soleil, & parce que l'eau leur manquoit tout-à-fait. Qu'on me permette cependant de rapporter ici un fait extraordinaire & peut-être unique dans toute la Marine.

J'ai eu communication du Journal d'un des Navires employés en 1711. à la prise de Rio de Janeiro. Ce Navire commandé par feu M. de Beauve Capitaine de vaisseau, passa la ligne environ les onze degrés de longitude, & fut assailli d'un vent Sud-Ouëst si violent que tous ses mâts vinrent à bas. J'ai parlé de cet accident à plusieurs Navigateurs très-expérimentés, & qui avoient souvent passé la ligne : ils l'ont tous regardé comme un des plus singuliers qui soient jamais arrivés dans les voyages de long cours.

Voici au reste ce qu'on peut dire de plus vrai-semblable des calmes qu'on éprouve immédiatement sous la ligne. L'air qui se porte des deux Tropiques vers l'Equateur, s'y rarefie prodigieusement & en très-peu de tems. Cet air rarefié monte en haut & s'y disperse de lui-même : de sorte que s'il y avoit quelque Vent réglé sous l'Equateur, ce seroit un Vent perpendiculaire de bas en haut. Ce qui peut appuyer cette conjecture, c'est que l'air sous la ligne ne retient point les abondantes vapeurs qu'il reçoit, & les laisse tomber en pluyes presque continuelles & très-chaudes.

Ces pluyes ont cela d'extraordinaires que les Européens qui en sont mouillés & ne changent pas incontinent d'habits, ressentent des démangeaisons horribles par tout le corps, dont ils ne peuvent se délivrer qu'au moyen du Mercure. Les gens du Pays y sont plus accoutumés.

TROISIEME PROBLEME.

Tout le monde sçait que l'intérieur de l'Afrique est desséché, tant à cause des rayons du Soleil qui y tombe perpendiculairement, que parce que la chaleur est retenuë dans le Sable brûlant d'une maniére extraordinaire. Ce qui a fait croire aux Anciens qu'elle étoit inhabitée par delà les Tropiques. Cela supposé, il coûte peu de s'imaginer que l'air y est sans relâche rarefié, & qu'il est nécessaire qu'un air plus frais & plus doux s'y rende incessamment pour entretenir l'équilibre. Je suis assûré que c'est ici la cause pourquoi, le long de la côte Occidentale d'Afrique, le vent vient partout sur la terre, & pourquoi l'Oueſt y ſouffle au lieu de l'Eſt ou du Nord-Eſt.

Ce vent d'Oueſt ne s'étend qu'à cinquante ou ſoixante lieuës de la côte: & entre ce vent d'Oueſt qui ſouffle tout à terre, & le vent Aliſé de Nord Eſt, il y a une eſpace en mer où l'on ne ſent point de vent, & où l'air paroît être en ſuſpens.

QUATRIEME PROBLEME.

LES Mouçons ont beaucoup exercé les Phyſiciens, & entr'autres Bernier, ce Voyageur ſi judicieux qui en a donné une ſorte d'explication à la fin de ſon voyage de Kachemire.

Pour réſoudre ce Problême, il faut remarquer 1°. que le Nord de l'Aſie juſqu'environ le vingt-huitiéme degré eſt toute terre ferme, ſçavoir l'Arabie, la Perſe & les Indes. Je ne parle point des deux preſqu'Iſles que le Gange ſépare, & qui s'étendent bien plus loin: 2°. que tous ces Païs de même que l'intérieur de l'Afrique, ſont ſujets à d'exceſſives chaleurs: 3°. que ces chaleurs deviennent inſuportables, lorſque le Soleil eſt au Tropique du Cancer, & qu'au contraire, lorſqu'il eſt au Tropique du Capricorne, l'air ſe rafraîchit aſſez à cauſe des hautes montagnes qui ſéparent les Indes de la Perſe & de la Tartarie, & au-deſſus deſquelles il paſſe rapidement.

Il ſuit de ces trois choſes que lorſque le Soleil eſt au Tropique du Cancer, & qu'il échauffe le Nord de la Mer des Indes, la Mouçon du Sud ou du Sud-Oueſt doit commencer, qui eſt celle qui amene les pluyes. Et au contraire lorſque le Soleil ſe retire vers le Tropique du Capricorne & que l'air ſe rafraîchit au Nord, la Mouçon du Nord ou du Nord-Eſt commence. Mais le courant de l'air ne pouvant changer que peu à peu, & (ſi j'oſe le dire) par degrés, les deux derniers mois de chaque Mouçon ſont ſujets à avoir les Vents variables. On les appelle à cauſe de cela l'entredeux des ſaiſons ou le tems du changement.

Ceux qui ont demeuré quelque tems à la côte de Coromandel, rapportent deux choſes qui méritent d'être ſçûës.

La premiére regarde le Vent que les Portugais nomment *Terrenos*, & qui souffle par intervalles, dans les mois de Juin, de Juillet & d'Août. Ce vent ne dure que trois ou quatre jours au plus : mais il est très-violent, & il remplit l'air d'une si grande quantité de poussiére qu'on est obligé de se cacher exactement dans ses maisons. On n'oseroit même en ouvrir les portes, de peur d'être inondé de ce sable brûlant.

La seconde chose regarde la vitesse avec laquelle l'eau se rafraîchit étant exposée à l'air, quoique l'air soit extrêmement chaud. On prend des vases d'une terre fort poreuse, & on les suspend entre deux portes ou deux fenêtres diamétralement opposées. Il est inconcevable en combien peu de tems l'eau qui y est renfermée, se rafraîchit. En voici une raison fort plausible. Le Vent enleve dans cette grande étenduë de Païs des parties de sel, de Nitre & d'autres semblables corps volatils, qui s'insinuent dans les pores de ces vases & arrêtent le mouvement de l'eau. Cela peut être confirmé par l'exemple de nos

confifeurs qui employent le feu , le fel
& le Nitre pour glacer leurs confitures
& leurs liqueurs.

CINQUIEME *& dernier* PROBLEME.

LA Mer des Indes eft couverte à l'Eft
d'un fi grand nombre d'Ifles , qu'on n'a
jamais pû les bien marquer, même fur les
Cartes marines. Les derniers Navigateurs parlent de plufieurs qui n'étoient
point connuës avant eux. Outre ces
Ifles , il y a des bas fonds , & des files
de Rochers qui inquiétent beaucoup les
Pilotes , & les obligent d'avoir toujours
la fonde à la main.

Ceci admis, on voit 1°. que plus ces
Ifles font proches de l'Equateur , plus
elles exhalent de vapeurs & rarefient
l'air ; 2°. que les hautes montagnes ,
dont quelques-unes font couvertes, comme l'Ifle de Luçon, la plus confidérable des Philippines , changent la direction du Vent , & lui font tenir une
route différente de celle qu'il auroit tenuë fans ces obftacles ; 3°. que le Vent
étant fouvent trop refferré entre ces
Ifles, il fe change en tourbillons, ou

eſt renvoyé d'un côté à l'autre : ce qui joint au courant, en rend l'abord très-périlleux, & ſeulement facile en certaines ſaiſons.

Voilà ce que j'ai recueilli de plus avéré & de plus utile ſur les Vents conſtans & périodiques. La Navigation ne peut manquer de s'en reſſentir, elle, qui acquiert chaque jour de nouvelles richeſſes & de nouvelles connoiſſances. J'ajouterai que, quand on a paſſé les trente ou trente-deux degrés de chaque côté de la ligne Equinoctiale, il ne faut plus eſpérer que de trouver des tourbillons de Vent, ou des Vents qui ſautent pluſieurs pointes du compas en moins d'une heure. Même on a remarqué que plus on avançoit vers le Nord, plus on trouvoit d'inconſtance dans les Vents, & de rapidité dans les courans. On peut lire là-deſſus les Journaux des Vaiſſeaux Hollandois qui tentérent en 1592. 1593. & 1594. le voyage de Cathai & de la Chine par le Cap du Nord en Norwége, par la Sibérie & la Tartarie Septentrionale.

CONJECTURES

SUR LE NOMBRE DES

Hommes qui ſont actuel-
lement ſur la Terre.

Multiplicabo semen eorum, sicut stellas cœli, & sicut arenam quæ est juxta littus maris.

In orat. Trium Puerorum.

CONJECTURES

SUR LE NOMBRE DES Hommes qui font actuellement fur la Terre.

R IEN ne prouve, rien ne caractérife mieux les foins d'une Providence qui veille fans ceffe fur le gouvernement de l'Univers, que la confervation du genre humain. Et cette confervation eft telle, que fi les plus forts génies, comme les Fondateurs des grands empires, les Légiflateurs & les fublimes Philofophes de l'Antiquité, avoient voulu tenter quelque chofe de femblable & avoient eu le pouvoir de l'exécuter, ils n'auroient approché que d'infiniment loin de l'ordre & de la fageffe de l'Etre fuprême, qui malgré tant

de guerres fanglantes & ruïneufes, tant
de peftes (1) fatales à des peuples entiers, tant de débordemens affreux,
tant de tyrannies cruelles & meurtriéres,
tant d'affaffinats publics, tant d'inondations de barbares qu'aucun frein ne
retenoit, a cependant entretenu une forte d'égalité parmi les fucceffions des races humaines. Et cette égalité fuppofe
deux chofes qu'il eft à propos de confi-
dérer : la premiére, que le nombre des
hommes n'augmente ni ne diminuë trop
confidérablement, crainte d'un côté que
la terre ne fût trop peuplée & ne pût
nourrir fes habitans multipliés outre mefure, & de l'autre qu'elle ne devint trop
déferte & n'eût point affez d'habitans
pour la cultiver ; la feconde, que tous les
vingt-cinq ou trente ans le genre humain
fe

____

(1) Il n'y a point eu de pefte fi horrible ni
qui ait fait tant de ravages, que la pefte de
1348. Foible dans les commencemens, elle
infecta bientôt prefque toute la terre, & fît
mourir le quart du genre humain. Gui de
Chaulieu (*Guido de Cauliaco*) nous a laiffé la
defcription de ce fléau épouvantable. Il étoit
alors Profeffeur à Montpellier, & depuis il fût
Médecin du Pape Clément V.

se renouvelle, de maniére que dans le cours de deux siécles ou environ les races des hommes se succédent six fois & s'incorporent les unes aux autres. Ce qui paroîtra clair & évident, si on consulte les Tables calculées (1) par M. Halley de la Société Royale de Londres, lesquelles nous apprennent que la moitié de ceux qui viennent au monde, meurt en dix-sept ans de tems, & que l'autre moitié s'écoule ensuite par des degrés assez rapides.

Sur quoi M. Halley fait la réflexion suivante. » Si ceux qui se plaignent de la » briéveté de la vie & qui parvenus à » trente & quarante ans, se déséspérent » de ne point pousser leur carriére plus » loin : si ceux-là, dit-il, sçavoient que » la moitié du genre humain périt en » dix-sept ans de tems, ils supprime-

(1) M. Halley donna en 1693. dans les Transactions Philosophiques, un Mémoire intitulé : *Evaluations des degrés de mortalité du genre humain, faite sur les tables des naissances & des morts de la ville de Breslau, & Essai pour déterminer le prix des rentes viagéres.* Num. 196. Ce Mémoire paroîtra dans le volume suivant traduit en François.

» roient leurs plaintes & rendroient gra-
» ces à l'Auteur de la Nature d'être arri-
» vés à un âge qu'il a refufé à tant d'au-
» tres «. M. Halley va encore plus loin,
& toujours les jettons à la main, il parcourt tous les âges & fait voir quel droit,
quelle efpérance a chacun d'eux à la vie.
Il prouve enfuite, par exemple, qu'on
peut parier cent contre un qu'un homme de vingt ans vivra encore un an ;
quatre-vingt contre un qu'un homme de
vingt-cinq ans vivra encore un an ; tren-
te-huit contre un qu'un homme de
cinquante ans vivra encore un an ; mais
que depuis foixante-fix jufqu'à quatre-
vingt il y auroit du defavantage à parier
même un demi contre un, & que depuis quatre-vingts ans il ne peut y avoir
aucune forte de (1) pari.

(1) Rien n'eft plus commun, que les paris
& les gageures en Angleterre. Tout le monde en fait, & fur toute matiére. En 1708. le
Parlement porta un Bill, pour défendre les
gageures qui fe faifoient au fujet des affaires
publiques.

I.

Tout ceci fera developpé plus au long dans le volume qui fuivra de près le volume, qu'on imprime aujourd'hui. En attendant voici les conjectures que deux Auteurs célébres (l'un eft le Pere Jean Bapt. Riccioli & l'autre Ifaac Voffius) ont formées fur le nombre des hommes qui font actuellement fur la terre. Ces conjectures partagées en deux colonnes & comparées les unes aux autres, ferviront à éclaircir une matiére qui eft entourée d'affez grandes ténébres. La premiére colonne eft tirée de l'Aftronomie Réformée du Pere Riccioli : & la feconde du Livre que Voffius a intitulé, *Variarum Obfervationum :* Lond. 1685.

	millions	millions.
En Europe .	99. à 100.	30.
En Afie . . .	500	300.
En Afrique . .	100 . . . .⎫	
En Amérique	200 . . . .⎭	100.
	899. à 900.	430.

Il est certain que ces deux colonnes sont également fautives, & que l'une exagére autant le nombre des hommes, que l'autre le diminuë. On doit convenir cependant que Riccioli paroît plus exact sur ce qui regarde l'Europe, que Vossius qui avoit d'étranges préventions : au lieu que Vossius paroît plus exact, sur ce qui regarde l'Asie moderne, que Riccioli. Ces corrections faites, je dirai qu'on en peut conclurre qu'il y a actuellement 100.000.000. d'habitans en Europe, 400.000.000. en Asie, 100.000.000, en Afrique, & environ 120.000.000. en Amérique, ce qui fait 720.000.000. d'habitans pour toute la terre.

Peut-être qu'on me demandera ici comment il se peut faire que l'Europe soit moins peuplée que l'Asie, & que le rapport des Européens aux Asiatiques soit comme 1. à 4. Entre plusieurs réponses qu'on peut faire à cette demande, les unes tirées de la différence des Religions, les autres de la différence des gouvernemens, les autres enfin de la différence des climats, de la sensibilité des habitans, de leur maniére de vivre : en-

tre ces réponfes, dis-je, j'en choifirai
une feule que me fournit le Célibat,
auffi eftimé dans la plûpart des Royaumes (1) de l'Europe, qu'il eft dédaigné
en Afie. Ce qui caufe, & doit caufer une
grande dépopulation. En effet, fuivant le
rapport de ceux qui ont examiné les chofes avec attention, je trouve que de fix
femmes en Europe, une feule donne
chaque année un enfant : au lieu qu'en
Afie, il y en a quatre de fix qui mettent
tous les ans un enfant au monde. Et cela fe remarque particuliérement à la
Chine où la fécondité eft fi grande,
qu'on y compte 200.000.000. d'habitans partagés entre les villes de terre

(1) Si les Politiques qui calculent les forces
d'un Etat par le nombre des habitans qu'il contient, blâment le Célibat, j'avouerai fans peine que ceux qui fuivent les lumiéres plus pu-
res & plus certaines de la Religion, l'approu-
vent & en l'approuvant, n'en parlent qu'avec
une forte de retenue. Les Politiques doivent
feulement encourager les mariages, & demander qu'on favorife ceux qui ont de nombreu-
fes familles. Effectivement, la grandeur & la
puiffance d'un Monarque confiftent dans la
multitude de fes fujets, vivans fous un gouvernement jufte, fage & éclairé.

& les villes d'eau. On nomme ainſi celles qui par le moyen d'un grand nombre de bateaux, ſubſiſtent ſur les riviéres & les canaux dont tout le païs eſt traverſé, & qui ſont effectivement allignées comme des villes.

Je trouve encore, quelle qu'en ſoit la cauſe, qu'il naît plus d'enfans morts en Europe qu'en Aſie : & pour ce qui regarde l'Europe, qu'il y naît plus de garçons morts que de filles. C'eſt une obſervation faite en Allemagne, & qui, je crois, peut s'étendre aux autres Royaumes.

Les Voyageurs qui parlent de la fécondité des femmes d'Aſie, l'attribuent en partie à l'air impregné de parties nitreuſes qu'elles reſpirent, en partie à la vie ſobre & ſédentaire qu'elles menent. Point de nourritures ſolides & de difficile digeſtion ; point de jus, d'extraits, de quinteſſences de viandes ; point ou peu de vin ; point de liqueurs fortes & ardentes ; point enfin de ces agitations douloureuſes & inſenſées qui tourmentent la plus grande partie des femmes d'Europe. Que le climat & la nourriture contribuent à la propagation de l'eſpéce humaine : cela eſt certain. Nous en avons un exemple dans les villes maritimes, où il y a moins d'hommes que de femmes, & un grand nombre d'enfans. Il y a moins d'hommes que de femmes, à cauſe de ceux qui périſſent, tant à la mer, qu'au retour des voyages qu'ils avoient entrepris. Mais en même tems, le nombre des enfans y eſt très-conſidérable : ce qui vient de la nourriture ordinaire à tout le peuple, & qui conſiſte en poiſſons & en coquillages. Sans doute que les parties huileuſes & ſalines que ſur-tout les coquillages de mer contiennent, ſont les plus propres à fournir cette liqueur appropriée qui ſert à la génération.

Le judicieux Auteur de l'*Eſprit des Loix* avoit déja fait la même remarque : & ſi l'on vouloit remonter juſqu'à Hérodote, on aprouveroit ce qu'il dit, que les peuples Ictyophages, comme les Ethiopiens, peuploient plus que les autres.

K iiij

II.

Après avoir rendu compte en géné-ral du nombre des habitans qui font fur la terre, je vais de la même maniére rendre compte en détail du nombre des habitans que contient l'Europe. Je me fervirai pour cela, comme je l'ai deja fait, des tables calculées par Riccioli & par Voffius.

	millions.	millions.	millions.
En Efpagne	10. . . .	2 . . .	6.
En France	19 à 20.	5	20.
En Italie, Sicile & Iſles adjacentes.	11	2	11.
En Angleterre, Ecoſſe & Irlande	4	3	8.
En Allemagne, la			

	millions.	millions.	millions.
haute & la baſſe Hongrie compriſes	20	}	20.
Dans les Païs-Bas ou les dix-ſept Provinces .	5	5.	5.
Dans la Suéde , le Danne-marck & la Norwége , & de plus la Moſcovie Européenne	8	5	24.
Dans la TurquieEuropéenne, la Gréce, &c.	16	$6 . \frac{1}{2} .$	16.
Dans la Pologne & la Pruſſe, . .	6 . . . . ,	$1 . \frac{1}{2} . .$	7.
	99. à 100.	30	117.

.Aux calculs ci-deſſus mentionnés de
Riccioli & de Voſſius , j'en ai ajouté
un troiſiéme tiré d'une Table Géographique publiée à Utrecht en 1704. &
qui depuis eſt devenuë très-rare. Le calcul qu'offre cette Table , différe peu de
celui de Riccioli , excepté en ce qui regarde la Suéde , le Dannemarck , la
Norwége, & la Moſcovie Européenne.
C'eſt trop que de donner à ces païs , où
il y a encore beaucoup de lieux bruts &
non défrichés , que de leur donner , dis-
je , 24. millions d'habitans. Mais auſſi ,
pour la grande-Bretagne , je crois que
l'Auteur de la Table Géographique a
mieux rencontré que Riccioli , & que
ſon calcul eſt plus conforme à la vérité ,
étant fondé ſur les meilleurs Mémoires ,
tels que les Régîtres des morts , naiſſances & mariages , & les Journaux auto-
riſés en juſtice des capitations.

Suivant M. King cité par le ſçavant
Guillaume Derham dans ſa Théologie
Phyſique, il y a en Angleterre cinq millions & demi d'habitans , dont il s'en
marie chaque année autour de 41.000 ,
c'eſt-à-dire une d'environ 104. perſonnes. Il y a de plus en Angleterre 9.913 .

paroiſſes & (1) plus d'un million 175.
957. maiſons. Suivant le Capitaine
South cité dans les Tranſactions Philo-
ſophiques, l'Irlande contient 1.034:
100, habitans de tout âge, leſquels depuis l'établiſſement avantageux des Manufactures de toiles, y vivent plus commodément qu'ils ne faiſoient auparavant.
Ce qui étant accordé, je ne vois aucun
inconvénient à admettre huit millions
d'habitans dans toute la Grande-Bre-

(1) Ce fût en 1562. qu'on commença pour
la première fois à Londres à faire des Bills
mortuaires, afin de ſçavoir ſi la peſte augmentoit ou diminuoit. De 23.630. perſonnes qui
furent enterrées cette année, il y en eut 20.
136. qui en étoient mortes. En 1599. la con-
tagion revint plus terrible encore, & on re-
commença à publier les Bills mortuaires généraux. Deux ans après, on dreſſa chaque ſe-
maine une liſte des Baptiſés & des Morts,
outre les Bills précédens. Mais la peſte ayant
peu à peu ceſſé, tout cela fut diſcontinué juſqu'en 1603. qu'on s'y remit avec plus d'exactitude & de diligence. En 1619. on y ajouta
les différentes maladies & les accidens qui
avoient occaſionné les mortaiités. En 1728. on
y joignit encore les âges des morts de 10. ans
en 10. ans, & des enfans au-deſſous de cinq.

K vj

tagne : contre le fentiment de Riccioli , & encore plus celui de Voffius.

Il femble que ce dernier prévenu à
l'excès d'une dépopulation générale, ne
cherche qu'à diminuer le nombre des habitans qui rempliffent aujourd'hui l'Europe. En quoi il montre une partialité
exceffive, & d'autant plus blâmable qu'il
pouvoit s'appercevoir aifément que
Dieu conferve un certain équilibre dans
le monde habité , & une jufte proportion dans la maintenue du genre humain. Mais fans vouloir relever les mécomptes de Voffius , tant fur l'Italie ou
dans le feul territoire de Venife , fuivant
le dénombrement de 1672. on avoit
trouvé deux millions 636. 900. habitans, que fur la Pruffe & la Pologne
qui en contiennent chacune le double
au moins de ce qu'il donne à ces deux
Royaumes enfemble : fans vouloir, dis-
je , relever de pareils mécomptes , je
m'arrêterai feulement à ce qui concerne
la France.

Il y a plus d'un fiécle & demi, que
Charles IX. voulant fçavoir combien il
y avoit d'habitans dans fon Royaume,
y en trouva 20. millions & même davan-

tage. On ne fçait point fi dans ce nombre furent exactement compris ceux de la Religion prétenduë réformée. Quoiqu'il en foit : fous le miniftére du Cardinal de Richelieu parut un Mémoire où, dans la vuë de partager les taxes & les impôts plus également qu'ils ne l'étoient alors , on évaluoit au même nombre les habitans en état de les payer. Mais dans des tems fi orageux & fi pleins de troubles , on ne pouvoit guéres profiter d'un Mémoire , où tout étoit foûmis à des calculs , tout étoit ramené à des proportions. D'ailleurs , le Cardinal de Richelieu qui fe refufoit aux détails & les dédaignoit comme trop fimples , avoit de plus grands intéréts à ménager , tant au dedans , qu'au dehors du Royaume.

On préfenta en 1701. au Monarque éclairé qui régnoit alors , un pareil Mémoire, où tout bien compté , on prétendoit qu'en 1700. il y avoit 19 . 385 . 378 . habitans dans le Royaume, & environ 48 . 012. Paroiffes de Campagne. Ce Mémoire qui paroiffoit fait avec efprit, n'eut point cependant le fuccès defiré , par la crainte des difficultés & des non-valeurs que caufe néceffairement toute innovation dans la maniére de le-ver les impôts. Mais il donna lieu à feu M. le Duc de Bourgogne, fi avide de connoiffances utiles & approfondies, de demander au Roi fon grand-Pere qu'il fût fait par les Intendans & Com-miffaires départis dans les Provinces, des dénombremens exacts & des fup-putations détaillées des habitans que pouvoit contenir chaque Géneralité. Ce travail ne fe trouva point executé par-tout avec le même foin, ni avec la même précifion. Dans les différentes Provinces, on fuivit des routes différen-tes, les unes plus courtes, les autres plus allongées. Ce qui réfulta cependant de ces recherches laborieufes, ce fut un Recueil National, une Notice de la France comprife en 40. vol. in folio. Mais comme M. le Duc de Bourgogne avoit trop d'objets à remplir, & qu'il ne pouvoit fe livrer entiérement à la lec-ture d'un fi vafte Recueil, on chargea M. le Comte de Boulainvilliers, homme d'un génie fupérieur & propre aux grandes difcuffions, de l'abréger. Il le fit avec fuccès, & donna fon curieux

Etat de la France, trop peu connu pourtant des François eux-mêmes.

En voici quelques traits que je prens au hazard, & qui ferviront à donner une idée des habitans que contient la France.

On en trouva dans le haut & bas Languedoc un million 441 . 000 : dans la haute & baffe Bretagne un million 700 . 000 : dans la ville de Rouen 66 . 000, & dans toute la Généralité environ 700 . 000 : dans les Trois Evêchés, Mets, Toul & Verdun 350 . 700. fans y comprendre les Domeftiques étrangers de l'un & de l'autre fexe : dans la Flandre Françoife 201 . 012 : dans la ville de Lyon 69 . 000. & dans tout le Lyonnois 363 . 000 : dans le Poitou 612 . 621, & dans le païs d'Aunix 360 . 000 : dans la Franche-Comté 336 . 720 : fans compter 4 . 000. Ecclefiaftiques : dans la Généralité de Pau 198 . 000 : dans le Berri 291 . 332. & dans le Bourbonnois 324 . 332 : dans la ville de Bordeaux 34 . 000, & environ 5 . 000. maifons. Comme ce détail n'a rien de fort intéreffant, je ne le poufferai pas plus loin, d'autant plus que ce ne feroit-là qu'un tas de redites. Je ferai feulement quelques remarques fur la Généralité & la ville de Paris.

Par le dénombrement fait à la priére de M. le Duc de Bourgogne, il fe trouva dans cette Généralité (la ville & la Banlieuë non comprifes) 856.938. habitans, parmi lefquels on en comptoit 239.441. depuis l'âge de feize jufqu'à cinquante fix ans. C'eft l'efpace de la vie où les hommes font propres au maniment des armes , & en état de fupporter les pénibles travaux de la campagne. Pour la ville de Paris, je crois qu'on peut évaluer aujourd'hui le nombre de fes habitans , ainfi que le nombre des habitans de la ville de Londres , à 800.000. & quelque chofe de plus. Javouë qu'il y a eu fur cela divers changemens , dont les caufes mêmes nous font inconnuës. En 1686. Le Chevalier William Petty dans fon Arithmétique Politique , ne donnoit à Paris que 488.055. habitans , & M. Auzout, célébre Aftronome de l'Obfervatoire , ne lui en donnoit au même tems que 487.680. Cependant en 1690 un Géographe nommé la Croix comptoit à Paris deux millions d'habitans, & presque de nos jours un autre Géographe nommé A. du Bois y en a compté un million : mais tout cela sans preuves , & par je ne sçai quel goût de vanité Nationale.

Je viens à la ville de Londres. John Graunt , Auteur d'un ouvrage intitulé , *Natural and Political Observat.* faisoit monter en 1660. (1) le nombre des habitans de Londres à 460 . 000. Le Chevalier William Petty , dont j'ai deja parlé , les faisoit monter à 695 . 718. en 1686. Ce qu'il en a écrit, quoique exagéré , mérite d'être lu. Je ne citerai point l'Auteur de l'Etat présent *of Great-*

______

(1) Il y avoit autrefois à Londres un Magistrat nommé *Breeden Raad* , lequel veilloit à ce que la Ville fût abondamment pourvûe de vivres. Ce Magistrat exerçoit les fonctions, que le Prevôt des Marchands & le Lieutenant Général de Police exercent séparément parmi nous. Quand son devoir l'y obligeoit, il faisoit faire des dénombremens exacts des habitans de Londres. *Breeden* vient du Saxon , & signifie *Nourricier.* De-là est venu *Bread* qui veut dire *Pain. Raad* vient de *Rod* aussi Saxon , & signifie *Conseil , Commité.* Ainsi le *Breeden Raad* étoit chargé de l'approvisionnement de la Ville , & de la nourriture du Peuple.

Britain. Selon lui, il y avoit en 1710. à Londres 1.200.000. perfonnes habituées. J'aime mieux m'en rapporter à M. Maitland, qui a compofé l'Hiftoire de cette ville, & qui en fait monter les habitans de 7. à 800.000. Une Hiftoire de Paris faite fur le même modéle, feroit bien curieufe & effaceroit toutes celles qu'on a vuës jufqu'ici. On connoîtroit les hommes, & on ne connoît que les ruës, les places publiques, les bâtimens & leurs diverfes fomptuofités.

M. Colbert qui, pour ainfi dire, vouloit faire de Paris la Capitale de l'Europe, en y attirant des étrangers de tous les païs, jugeoit du nombre qui en étoit venu dans cette ville, par l'augmentation du produit des impôts & autres droits du Roi. De fon tems, ce produit montoit de 18. à 20. millions. Les dix derniéres années qui précédérent la paix de Ryfwick, il monta à 22. millions chaque année. Ceux qui voyent aujourd'hui les chofes de plus près que je ne puis faire, & qui fçavent quels avantages la France a retirés de la paix concluë à Aix-la-Chapelle, peuvent juger par l'augmentation du produit des impôts

& autres droits du Roi, de l'augmentation réelle du nombre des habitans de Paris.

III.

Le gouvernement invariable des Chinois, leurs mœurs, leurs loix, leur police, leur maniére de vivre, leur langue & leur écriture : tout cela a un air si singulier que je ne m'étonne point que la plûpart de ceux qui en ont parlé, séduits par les apparences, ayent surfait ce qu'ils en ont dit. Peut-être, suis-je aussi tombé dans le même cas, en donnant à la Chine 200.000.000. d'habitans. Mais les guides que j'ai suivis, & qui sont des Missionnaires de divers ordres religieux, me paroissent d'assez sûrs garants, & d'autant plus sûrs que dans ce point seul ils s'accordent entr'eux.

Les Chinois prétendent qu'en 1015. on fit un dénombrement des gens de la campagne, en comptant les chefs de famille seulement, & qu'on en trouva 21.976.965. Ils ajoutent que chaque famille, l'une portant l'autre, contenoit cinq personnes au-dessus de 20. ans. De

puis ce dénombrement, il y en a eu plusieurs autres, tous faits avec les précautions convenables. Dans un des derniers,
on a trouvé 58.916.783. hommes
au-deſſus de 20. ans, ſans y comprendre
les gens de la Cour Impériale, les Sol-
dats, les Bonzes des deux ſexes, les men-
diants & ceux qui demeurent dans les
villes d'eau.

Le Pere le Comte Jeſuite qui a dit
tant de vérités utiles, mais leſquelles
n'ont pas toutes plû, aſſûre qu'à la Chine il y a plus de 80. villes du premier
ordre auſſi peuplées que Lyon & Bordeaux; que parmi 260. du ſecond ordre,
il y en a plus de 100. de la grandeur
d'Orléans; enfin, que parmi 1200. du
troiſiéme ordre, il y en a cinq ou ſix
cens plus conſidérables que la Rochelle
ou (1) Angoulême. Il aſſûre de plus (&

____

(1) La Ville d'Angoulême n'eſt plus com-
parable à la Rochelle, où ſe fait un grand
commerce, & où abordent preſque tous les
habitans de nos Colonies qui viennent en
France. Ce qui recommande aujourd'hui cette premiére Ville, c'eſt qu'on y trouve abondamment & à peu de frais, toutes les choſes qui
contribuent, non ſeulement à la vie ordinaire

ce n'eſt point une choſe avancée au hazard) qu'il a vu ſept ou huit villes ni
moins grandes ni moins peuplées que
Paris. Elles doivent même le paroître
davantage , tant à cauſe de la forme
quarrée & reguliére de ces villes , qu'à
cauſe de la foule qui accompagne les
Mandarins toujours en action , & toujours curieux de ſe faire voir. Leur pré-
ſence animée du cortége qui les ſuit ,
réprime plus de deſordres , que n'en ré-
primeroient les Ordonnances les plus
ſévéres.

A reprendre tout ce que je viens de
dire, on peut conclurre qu'à la Chine il
y a environ 200.000.000. d'habitans,
dont 125.000.000. demeurent dans
les villes , dans les Monaſtéres affectés
aux Bonzes des deux ſexes & ſur les
frontiéres où ils forment de petits corps
d'armée. A l'égard des 75.000.000.
reſtant , ils ſont répandus à la campagne
& dans les villes d'eau, où ils s'employent au commerce extérieur & à la
navigation.

& ſimple, mais encore à la vie ſenſuelle & vo-
luptueuſe.

Comme plufieurs fçavans prétendent
que les Chinois font Egyptiens d'origine , je dois dire ici que l'Egypte a été
un des païs les plus peuplés du monde.
Les ouvrages publics & les travaux particuliers occupoient une infinité d'hommes de toute profeffion : & ces hommes
utilement occupés fembloient n'avoir
qu'une même ame , & qu'une même vie.
Les anciens Egyptiens , par des fuppu-
tations qui leur étoient fans doute fami-
liéres , avoient trouvé que dans les différens cantons de l'Egypte il mouroit
$\frac{3}{100}$ du nombre des habitans chaque
année , l'une portant l'autre : d'où ils
concluoient qu'en 100. ans il y avoit
trois générations , ou que le genre humain changeoit trois fois. C'eft ce
qu'Hérodote établit inconteftablement
au fecond Livre de fon Hiftoire ancienne. Je n'ignore point que par générations , on a voulu entendre la durée des
Régnes des Princes qui fe fuccédent les
uns aux autres fur le trône. Mais ce n'eft
point-là de quoi il s'agit. Trois fucceffions de Princes qui fe fuivent immédiatement , peuvent faire foixante ans :

mais trois générations d'hommes en
font quatre-vingt-dix. Ce qui n'a point
été affez diftingué. L'illuftre Philofo-
phe, M. Newton, en eft la caufe.

IV.

Refte maintenant à fçavoir fi le nombre des hommes dans les grands Royaumes & en général fur la terre, augmente
ou diminue, ou s'il refte à peu près le même. J'entens par grands Royaumes, ceux
où l'affluence des étrangers qui y viennent & le nombre de ceux qui en fortent,
font peu confidérables en comparaifon
de tous les habitans qui y demeurent.
Je répondrai avec le célébre Guillaume Derham que j'ai déja cité, que toutes les parties de l'Europe offrent une
certaine uniformité dans la propagation
du genre humain, & que le nombre des
mariages, joint à celui des naiffances &
des morts, garde une proportion affez
exacte avec le nombre de tous les habitans d'un païs. Mais il ne faut point fur
cela s'attendre à aucune démonftration.
Tout ce qu'il eft permis de faire, c'eft
de réunir des vraifemblances, & de les

lier enſemble. *In re novâ atque admirabili*, dit Cicéron, *inveſtigato, ſi potes. Si nullam reperies cauſam, illud tamen exploratum habeto, nil potuiſſe fieri ſine causâ, eumque errorem quem tibi rei novitas attulerit, naturæ ratione depellito.*

Dieu ayant débroüillé le cahos & fait de la terre un lieu propre à être habité par des êtres raiſonnables, voulut ſans doute qu'il y en eût toujours un nombre convenable pour la peupler & la cultiver avec ſoin, & que ce nombre n'augmentât ni ne diminuât trop conſidérablement. En augmentant, la terre auroit été trop peuplée; & en diminuant, elle ſeroit devenuë deſerte. L'une & l'autre de ces deux extrémités paroiſſent également contraires aux vûes du Créateur, & du Bienfaicteur général. Auſſi voit-on depuis pluſieurs ſiécles que dans toutes les parties de l'Europe, il y a un pareil nombre d'habitans, & que ce nombre ſenſiblement n'augmente ni ne diminue; ou s'il diminue dans un tems par des hazards malheureux & des dépopulations forcées, qu'il augmente dans un autre, ce qui forme une ſorte d'équilibre. J'avoüe qu'à regarder de

près

près les Regîtres des naiſſances & des morts tenus en différens païs, on peut conjecturer que le nombre des perſonnes qui naiſſent chaque année, ſurpaſſe le nombre des perſonnes qui meurent. Mais comme cela pourroit aller à l'infini, il ſurvient par une ſuite de cet ordre qu'a établi la Providence & qui n'eſt connu que d'elle ſeule : il ſurvient, dis-je, des peſtes, des guerres & d'autres accidens ſemblables qui remettent les choſes dans l'égalité où elles doivent être.

Si la terre ſuivant les vûes de la Providence, ne doit avoir ni trop ni trop peu d'habitans, pour ſe conſerver dans l'état qui lui convient : il eſt certain que l'âge de ces habitans doit être reſſerré dans de certaines bornes, qui ſans augmenter ni diminuer, réponde à leur nombre. Si les hommes vivoient pluſieurs ſiécles comme dans les premiers temps, la terre en ſeroit ſurchargée &, pour ainſi dire, inondée. S'ils ne vivoient que vingt ou vingt-cinq ans, le genre humain s'appauvriroit inſenſiblement & courroit enfin riſque de s'anéantir. Mais la vie des

ıommes étant bornée à ſoixante &
dix ou quatrevingts ans au plus , il
arrive que la durée de leurs vies cor-
reſpond toujours à leur nombre : &
cette correſpondance eſt ſi parfaite ,
la balance eſt ſi égale entre la vie des
uns & la mort des autres , qu'elle ſuffit pour entretenir le même nombre
d'habitans ſur la terre.

Cela ſe remarque d'une maniére qui
ne ſouffre point de replique ; 1°. dans
les lieux mal-ſains où la peſte , les fié-
vres malignes , & la petite vérole font
quelquefois de très-grands ravages ;
2°. dans les païs ſujets aux révolutions
ſoudaines & où les guerres ſont ſi ſan-
glantes & ſi meurtriéres. Cependant il
ne paroît pas au bout de quelques années
& que ces païs & que ces lieux ſoient de-
venus déſerts. Le même nombre s'y re-
trouve toujours. Ce qui confirme ce
que j'ai déja avancé , c'eſt qu'il naît
chaque année plus de perſonnes qu'il
n'en meurt : & cela comme en rem-
placement des mortalités extraordinaires & peu attendues qui arrivent de
temps en temps.

Mais y a-t-il une proportion ſuivant

laquelle les naissances surpassent les morts? J'avouerai d'après les plus habiles Calculateurs, que cette proportion n'est pas encore, & même qu'elle ne peut être exactement connuë. On sçait seulement en gros qu'à la Campagne & dans toutes les petites Villes, il naît plus de personnes qu'il n'y en meurt, & suivant les remarques de John Graunt faites en Angleterre, que c'est dans la proportion de soixante & dix à cinquante-huit. La même chose arrive dans les Villes commerçantes, où plusieurs Etrangers viennent s'établir & se marient. Mais cela change & doit changer en temps de guerre. Pour les Villes capitales, comme Paris & Londres, on y éprouve souvent, mais non pas toujours, que les morts surpassent les naissances : ce qu'on doit attribuer aux coups imprévus & aux accidens inévitables dans ces Villes, où fond de toutes parts un peuple infini. D'ailleurs, beaucoup de familles périssent, sur-tout à Paris, pour être logées trop à l'étroit, & beaucoup de malades se consument dans les Hôpitaux, où leur grand nombre ne permet point qu'on les soigne auſſi ſalutairement qu'on le voudroit. Mais la régle générale ſubſiſte toujours, qu'il naît plus de perſonnes chaque année qu'il n'en meurt.

Amſterdam eſt ſans doute une des principales Villes de l'Europe. Mais c'eſt en même temps la Ville où il y a le moins de mortalités, & le plus de mariages. Ce qui à la fin ſeroit pouſſé à l'extrème, s'il ne ſortoit tous les ans d'Amſterdam des familles entiéres, dont les unes cherchent à s'habituer dans les différentes Villes qui ſont de la dépendance des Etats Généraux, & les autres s'embarquent pour les Indes Orientales.

V.

Une derniére obſervation achévera de démontrer que pour entretenir toujours le même nombre d'habitans ſur la terre, la Providence ſe ſert encore d'un moyen qui y paroît très-propre : c'eſt de faire naître plus de garçons que de filles. Et je crois qu'on peut rendre deux raiſons de cet ordre établi par la Nature, non au hazard, mais avec

une fageffe infinie. La premiére, c'eft
que le but de la Providence étant la
confervation du genre humain, il a fallu
néceffairement qu'à chaque fille fût deftiné un mari : ce qui auroit été impoffible, vû le grand nombre de jeunes
gens qui périffent foit à la guerre, foit
fur mer, foit par d'autres accidens, s'il
ne naiffoit plus de garçons que de filles.
Le Pere Riccioli qui n'a pu difconvenir
du fait, avoue cependant qu'il a des
preuves que le contraire arrive en Efpagne : mais ces preuves font-elles bien
certaines ?

La feconde raifon que je donnerai,
c'eft qu'il meurt plus de garçons que de
filles au-deffous de dix ans : de maniére
que fi l'on tenoit un regître de deux
cens enfans nés dans la même année,
dont une moitié fût de garçons & l'autre de filles, ou trouveroit qu'un plus
grand nombre de filles que de garçons,
atteindroit l'âge de dix ans. Et à fuivre
quelques Mémoires dreffés en Allemagne, comme à Breflau, à Drefde, à
Leipfic, à Vienne, il femble que c'eft
dans la proportion de cent à quatre-
vingt-fix. Mais je la crois trop forte

en général. Quelle qu'elle foit cependant, on peut en conclurre qu'il doit
naître chaque année plus de garçons
que de filles, pour maintenir l'ordre
établi par la Nature. Et je ne doute
pas que fi l'on examinoit les Animaux
de toute efpéce, furtout les domeftiques, d'un œil auffi curieux qu'un célébre Phyficien a examiné les Coqs &
les Poules, on n'y trouvât le même
ordre établi. Tout ce que je puis dire
& ce que je fçai en gros, c'eft que
les baffe-cours, les étables, les prai-
ries, les parcs, contiennent plus d'a-
nimaux mâles que de femelles. Faute
d'obfervations, je n'entrerai point dans
un plus long détail.

Les Mémoires fi exacts de la Société Royale de Londres (num. 380.
381. 400. & 409.) rapportent qu'en
101. ans, on y avoit baptifé 657. 899.
garçons & 619. 925. filles : ce qui
évalué à peu-près fait 52. à 49. Mais
cette proportion s'obferve-t'elle ailleurs? C'eft ce qu'il feroit à propos de
vérifier, & que fuivant les apparences,

on ne vérifiera de long-temps. Les hommes livrés à eux-mêmes, ne réfléchiſſent point, & laiſſent les choſes aller leur train accoûtumé. Le paſſé les touche peu : ils craindroient de ſe prêter d'avance à l'avenir.

Je dirai cependant qu'on a des obſervations faites à Coppenhague, à Breſlau, à Leipſic, à Dreſde, à Vienne en Autriche, entre les années 1717. & 1725. leſquelles confirment qu'il y a eu quarante-neuf filles baptiſées contre cinquante-deux garçons.

V I.

Qu'on me permette encore une réflexion, & ce Traité finira.

J'ai dit que ſans augmenter ni diminuer trop conſidérablement, le même nombre d'habitans ſubſiſtoit à peu-près ſur la terre. J'ajouterai ici que par ce même nombre d'habitans, il faut entendre, non ceux d'une telle Province ou d'un tel Royaume, mais la maſſe ou la totalité des habitans répandus ſur la terre, de ſorte qu'il y en a toujours la même quantité en nombre, mais non la même quantité dans les mêmes lieux. En effet, s'il y a des temps de défolation où certains Royaumes & certaines Provinces s'appauvriffent, & deviennent moins peuplés, ces pertes fe réparent bientôt : & en même temps il fe trouve d'autres Provinces & d'autres Royaumes, où l'abondance maintenue par un gouvernement doux, pacifique & modéré, fait croître le nombre des habitans, & où l'on ne craint point de fe marier, parce que l'on ne craint point de laiffer des malheureux après foi. Ainfi, tout eft balancé avec un art infini : & non feulement le genre humain fe renouvelle dans les temps convenables, (*une génération paffe,* comme dit l'Ecriture, *& une autre lui fuccéde*) mais encore il eft comme retenu entre certaines bornes qu'il doit remplir. Trop d'habitans affameroient la terre : trop peu d'habitans ne pourroient lui donner les foins qu'elle demande, & la culture qui lui eft néceffaire.

On peut conclurre de cet équilibre que garde la Providence entre les races & les fucceffions des hommes, que

du monde Phyfique au monde Moral
il y a un rapport auffi cònftamment
établi. Dans le Phyfique, la quantité
de mouvemens ou le produit des maffes
par le quarré des vîteffes fubfifte toujours, malgré les chocs innombrables
des corps : dans le Moral, la même
quantité ou le même fond de vertus
& de vices fubfifte pareillement toujours, malgré les différentes efpéces de
gouvernement & la différente maniére
dont ils font conduits. Ce fond n'augmente ni ne diminuë. Mais comme les
mouvemens font inégalement diftri-
bués, les vertus & les vices le font avec
la même inégalité. Ainfi tous les fiécles fe reffemblent, non à la vérité par
la chaîne des événemens qui varient &
doivent varier à l'infini, mais par le
fond des caractéres & le mélange non
interrompu des égaremens de l'efprit
& des foibleffes du cœur. L'homme a
toujours été & fera toujours ce qu'il
eft aujourd'hui : une énigme à lui-même, un compofé de vertus & de vices,
de fageffe & d'extravagance, un être
penfant, mais fujet à mille écarts &
mille difparates, ignorant de plus ce

que c'eſt que ſa penſée, en un mot, une image de la Divinité, mais une image foible & imparfaite, une eſquiſſe, qui feroit méconnoître l'original, s'il pouvoit être méconnu. Ainſi le monde ne ſouffre que des changemens de détail, & n'en ſouffre aucun dans la totalité des choſes.

TRAITÉ
HISTORIQUE

Des progrez succeſſifs de
l'Artillerie & du Génie.

L vj

*Videbimus, an certus rerum om-
nium ordo ducatur, & alia aliis
ita complexa sint, ut quòd ante-
cedit, aut causa sit subsequentis,
aut signum.*

Sen. Natural. Quæst.
Lib. 1°.

TRAITÉ
HISTORIQUE

Des Progrez successifs de l'Artillerie & du Génie.

UNE des plus importantes parties de l'Art de la Guerre, de cet Art supérieur qui fait les Héros, consiste dans la maniére de fortifier les Places & de les mettre en état de défense, soit contre un coup de main inopiné, soit contre un siége entrepris dans les formes. Mais comme la maniére d'attaquer les Places de guerre a changé chez les Anciens & les Modernes, la maniére de les fortifier & de les défendre a aussi changé chez les uns & les autres, non point tout d'un coup, mais infenfiblement & felon que les attaques ont été plus ou moins vives, que l'induftrie & l'habileté des Ingénieurs ont été plus ou moins grandes. Et je puis dire ici, fans crainte d'être démenti, que ces changemens font entiérement dûs à l'invention de l'Artillerie. C'eft d'elle que l'Architecture Militaire moderne a reçu fes accroiffemens & fa perfection, de forte qu'on peut affûrer que ces deux Arts (j'entens le Génie & l'Artillerie) fe font mutuellement prêté la main, & mutuellement donné des loix. Il eft donc impoffible d'écrire l'Hiftoire de l'Architecture Militaire moderne, fans écrire l'Hiftoire de l'Artillerie. Elles font trop intimement liées l'une à l'autre, pour les féparer.

On ignore le temps & le lieu où a commencé l'ufage des Baftions. Il y en a qui l'ont attribué au fameux *Zifca* de Bohême. D'autres en font *Achmet Bacha* l'inventeur, lequel ayant pris la ville d'*Otrante* l'an 1480. la fortifia d'une maniére particuliére ; ce qu'on fuppofe avoir été le premier établiffement des Baſtions (1). Mais ce ne ſont-là que des conjectures des Ecrivains de notre ſiécle. Ceux qui ont écrit ſur cette matiére, il y a deux cens ans, regardent les Baſtions comme un rafinement, qui s'eſt gliſſé peu à peu dans l'Architecture Militaire, ſans qu'aucun particulier puiſſe s'en attribuer la gloire. *Paſino* dit expreſſément dans la premiére partie de ſon Livre, que l'Architecture Militaire moderne doit ſon origine à la violence de l'Artillerie. Il ne fixe point le temps auquel cette méthode a été introduite, & il ne nomme point celui qui le premier l'a miſe en pratique (2). Ainſi tout ce qu'on peut dire de certain à ce ſujet, c'eſt qu'on connoiſſoit les Baſtions au commencement du ſei-

(1) Voyez le Commentaire du fameux Chevalier Folard ſur Polybe. Tome 3. p. 2.

(2) Voyez le Diſcours ſur pluſieurs points de l'Architecture de guerre concernant les Fortifications : par M. Aurelio Paſino , Ferrarois, Architecte de très-illuſtre Seigneur M. le Duc de Buillon. Ce Diſcours fut imprimé par Plantin en 1579. Il paroît par une piéce de Vers miſe à la tête de ce Livre, que l'Auteur fortifia Sedan.

ziéme fiécle. L'an **1546**. *Tartalea* préfenta au public fon ouvrage intitulé, *Quefiti & Inventioni diverfe* ; il dit au fixiéme Livre de cet ouvrage, que pendant fon féjour à *Verone* il avoit vu travailler à des Baftions d'une grandeur énorme, dont quelques-uns étoient même achevés. Il donne enfuite un plan de *Turin* revêtu de quatre Baftions, qui ne venoient que d'être conftruits avant cette époque.

Il eft donc incertain quand les vieilles Tours qui environnoient les Places de guerre, furent converties en Baftions. Mais il y a toute apparence que ce fût vers le temps mentionné ci-deffus. Le Prieur de *Barleta*, homme militaire, croyoit *Turin* imprenable, & il nous affure que c'étoit l'opinion générale des gens du métier. *Je doute même*, dit-il enfuite, *que l'efprit de l'homme puiffe parvenir à une plus grande perfection dans l'art de fortifier les Places.* Ce qui fait voir que l'invention des Baftions étoit récente, & qu'elle faifoit l'objet de toute l'attention des Militaires de ce temps-là.

Les premiers Baſtions, tels que ceux de *Turin*, d'*Anvers* (1), & des autres Places fortifiées au même ſiécle, étoient petits & forts éloignés les uns des autres, parce que l'uſage régnoit alors d'attaquer la Courtine & non point les Baſtions. Dans la ſuite, on commença à donner beaucoup plus de largeur aux Baſtions, & à les conſtruire plus près les uns des autres. La Citadelle d'*Anvers*, bâtie ſous les ordres & la direction du Duc d'*Albe*, l'an 1566, fût le premier modéle de ce rafinement, ſuivant le rapport des Auteurs à peu-près contemporains, qui ne ceſſent de louer ce curieux morceau de fortification.

C'eſt-là l'époque où l'Architecture Militaire moderne commença à briller. Les augmentations faites de nos jours ne ſont que les Théories des ſçavans Ingénieurs de ce temps-là, que nous avons miſes en pratique. La (2) *Treille*, *Alghiſi*, *Marchi*, *Paſino*, rendirent

(1) Anvers fut fortifié vers l'an 1540. Speckle lib. 1. chap. 10.

(2) Voyez la Maniére de fortifier Villes, Châteaux, & faire autres lieux Forts : mis en

ce siécle fameux & recommandable par leurs écrits; & surtout *Speckle* (1), homme du mérite le plus distingué.

Pour mieux juger de l'avantage des systêmes de fortifications modernes, nous entrerons dans le détail des méthodes proposées pour couvrir les flancs & pour garantir les remparts de l'approche de l'ennemi. On convient généralement que les flancs sont la principale défense d'une Place. Afin donc de décider du mérite d'un systême d'Architecture Militaire, il faut examiner les méthodes que ce systême propose pour préserver les flancs des efforts redoublés de l'ennemi qui les attaque.

Dans cette vûe, on a inventé des Orillons, des Ravelins placés devant les Courtines, des demi-Lunes placées de-

François par le *Seigneur de Bereil*, François de la Treille, Commissaire en l'Artillerie; à Lyon 1556. Cet Ingénieur est le premier que j'aye vu qui ait proposé la Courtine retirée; ce qui a été publié par d'autres sous le titre d'Ordre renforcé.

(1) Daniel Speckle, Architecte de la Ville de Strasbourg. Il mourut en 1589. & publia avant sa mort un Traité de Fortifications en Allemand, lequel a été réimprimé à Leipsick l'an 1736.

vant les pointes des Baſtions , & des Contregardes. Nous allons voir de près & l'uſage & l'ancienneté de chacun de ces morceaux d'Architecture Militaire , & nous commencerons par l'Orillon.

L'Orillon eſt auſſi ancien que le Baſtion. On voit à *Turin* & à *Anvers* un bas flanc d'une épaiſſeur conſidérable, conſtruit en même temps que le Baſtion , pour le garantir des batteries du dehors. Les modéles de fortifications que nous ont laiſſé *Paſino*, *Speckle* , & d'autres Ecrivains , préſentent des Orillons de la même forme de ceux qui ſont en uſage aujourd'hui , avec cette différence , que les modernes ſont moins maſſifs que les anciens. L'Orillon a été admis dans tous les ſyſtêmes de fortifications qui ont prévalu : & c'eſt apparemment pour les ſervices qu'on en a tirés autrefois. Car à préſent il eſt devenu preſque inutile. C'étoit autrefois la coutume des Aſſiégés d'avoir un retranchement derriére la brêche ; ce qui obligeoit l'ennemi de ſe loger ſur ſes ruines & ſes débris pour pouvoir battre le retranchement. En ce cas , les piéces d'Artillerie , que l'ennemi n'avoit pû démonter, parce qu'elles étoient couvertes de l'Orillon, rendoient de grands services à ceux de la Place. Il eſt même ſouvent arrivé qu'après le logement fait ſur la brêche, l'ennemi fatigué a été obligé d'abandonner ſon entrepriſe par la vivacité extrême du feu de cette Artillerie. Depuis qu'il n'eſt plus à la mode de tenir ferme, après qu'il y a une brêche au corps de la Place & que le foſſé eſt à demi rempli, on n'entend plus parler des ſervices rendus par l'Orillon.

On place des Ravelins ou des demi-Lunes devant les Courtines, pour protéger les flancs contre les batteries croiſées, & pour obliger les Aſſiégeans d'élever leurs batteries ſur la partie de la contreſcarpe oppoſée aux flancs ; ce qui les expoſe davantage au feu des Aſſiégés. Cette invention eſt à peu près de même âge que l'Art de fortifier. Les anciens Auteurs en font mention, & on la trouve pratiquée dans un grand nombre de vieilles Places ; elle eſt encore d'uſage dans la plûpart des fortifications modernes.

Les anciens Ingénieurs, dont l'objet

principal étoit de couvrir les flancs, ne se contentérent pas à cet effet, de placer des Ravelins ou des demi-Lunes devant les Courtines : ils virent bien que cette invention resserroit les batteries des Assiégeans en un endroit ; mais en même temps ils s'apperçurent qu'il y avoit plus de place qu'il n'en falloit pour élever des contre-batteries. C'est pourquoi ils construisirent des demi-Lunes devant les pointes des Bastions, afin d'incommoder davantage les batteries de l'ennemi. Toutes ces demi-Lunes n'ont pas eu l'effet desiré, & elles sont à présent hors d'usage.

L'invention des contregardes est très-ancienne (1) : & pourvu que cet ouvrage soit bien construit, on s'en sert avec succès, pour protéger les flancs. L'ennemi est forcé de placer sa contre-batterie sur la contregarde, afin de démolir le flanc : ce qui lui sera impossi-

_____

(1) Pasino, dont nous avons déja parlé, se donne pour l'inventeur des contregardes, lesquelles ont été beaucoup perfectionnées par Speckle. Les contregardes de cet habile Auteur n'étoient pas seulement placées devant les Bastions, mais tout autour de la Place.

ble., si la contregarde est d'un profil tel qu'il doit être ; ou bien il faudra qu'il démolisse une partie de la contregarde, afin que sa batterie sur la contrescarpe puisse découvrir le flanc ; & c'est-là un travail ennuyant & périlleux. Il trouvera le même inconvénient, quand il voudra battre en brêche.

Les François ont fait très-peu d'usage de cette utile invention. Il n'y a que deux ou trois de leurs places, où l'on trouve des ouvrages qu'ils ayent nommés contregardes ; mais ils n'en ont que le nom. Le Siége de *Turin* leur fît cependant sentir l'importance de ces morceaux d'Architecture Militaire, & ils ont depuis ajouté des contregardes aux ouvrages d'une de leurs meilleures Places frontiéres.

On peut conclure de tout ce que nous venons de dire, que les anciens Ingénieurs avoient beaucoup plus d'attention à couvrir les flancs, que les Ingénieurs qui leur ont succédé : & par conséquent, l'Art de fortifier n'est point aussi redevable aux Modernes que par estime pour notre siécle, on voudroit nous le faire croire. La force d'une

Place confiste en la fûreté de fes flancs. Quoique toutes fes autres défenfes foient démolies, l'ennemi ne peut approcher du rempart, tandis que les flancs font en entier. Les Modernes ayant donc négligé la partie effentielle de l'Art, il faut avouer qu'ils n'en ont pas compris les vrais principes. On les a vus beaucoup difputer fur la longueur d'un flanc, d'une face, d'une courtine, & fur la grandeur d'un angle particulier; fans faire la moindre attention à l'objet principal de l'Art, qui eft de garantir les flancs de la violence du feu de l'ennemi.

On doit attribuer ce manque d'attention des Ingénieurs modernes à une maxime reçue parmi eux, fçavoir, que ce qui voit eft égalemént vu (1): d'où l'on a conclu que fi le flanc voit l'ennemi, l'ennemi à fon tour peut le démolir avec fes batteries. A cela on répond que le flanc foigneufement couvert ne peut voir l'ennemi quand il dreffe fes batteries: il ne peut le voir

______

(1) Cette maxime eft un des points capitaux de la Fortification de Pagan. Chap. 4.

que quand il fe gliffe dans un endroit
où il eft expofé au feu du flanc, fans
qu'il foit en fon pouvoir d'y répondre.
Par exemple, l'ennemi ne peut pas voir
le canon qui eft couvert par un Orillon,
qu'il n'ait traverfé une grande partie du
foffé, ou qu'il n'ait monté la brêche : &
il lui fera impoffible d'élever des contre-batteries dans l'un ou l'autre de ces
endroits. Plus l'ouvrage qui couvre le
flanc eft parfait, plus l'ennemi fera obligé de s'expofer.

Il y a eu des Ingénieurs qui ont regardé cette méthode comme inutile. A
l'abri d'une telle fuppofition, ils fe ré-
pandent fur la force & la fupériorité des
attaques modernes, auxquelles, difent-
ils, les Places le plus réguliérement
conftruites ne peuvent réfifter. C'eft une
maxime avancée par ces Ingénieurs,
qu'il faut que la Place fe rende, dès qu'on
a gagné la contrefcarpe. Ils nous citent
à ce propos les fiéges de plufieurs Villes d'importance, qui fe font rendues
beaucoup plutôt qu'on ne s'y attendoit.
Suivant ce fyftème, on dépenfe mal à
propos de grandes fommes d'argent en
fortifications, puifqu'un fimple rempart

&

& une contrescarpe feroient autant d'effet. Mais il est certain, que quand une Place est bien construite & bien défendue, la prise de la contrescarpe n'avance guéres celle de la Place (1). On a vu des Gouverneurs négligens & peu habiles, intimidés par la témérité & la précipitation de ceux qui avoient la direction des approches : mais on en a également vu de braves & d'expérimentés, qui, prenant avantage d'une semblable conduite, ont obligé l'ennemi à mesurer ses approches avec justesse & humanité. La hardiesse & l'imprudence, une folle impétuosité, ont fait échouer les entreprises les plus aifées, & souvent, pour avoir voulu gagner un jour ou deux, on a perdu le fruit d'une Campagne (2) entiére.

(1) En 1713. au siége de Barcelone, les François se rendirent maîtres de la contrescarpe en quinze jours : ce qui ne décida point le Siége. Ce ne fut qu'après avoir fait plusieurs brêches au corps de la Place, qu'ils trouvérent de la résistance.

(2) Landsberg, Ingénieur au service des Etats Généraux, nous donne le détail des obstacles & des périls, auxquels les Alliés furent

Outre les ouvrages ci-deſſus rapportés, on a propoſé des inventions ſinguliéres pour mieux couvrir les flancs. Le
célébre *Montecuculi* (1) fait mention
dans ſes Mémoires d'une ligne, qu'il
voudroit rendre propre à traverſer le
foſſé depuis la pointe du Baſtion, juſqu'à la pointe oppoſée de la contreſcarpe. Une telle ligne ſeroit capable de
défenſe, & empêcheroit le flanc d'être
vu par les batteries placées ſur la contreſcarpe. On l'a cependant négligé juſqu'à préſent.

On peut auſſi couvrir les flancs, en
plaçant l'angle rentrant de la contreſcarpe ou du ravelin, entr'eux & les
contrebatteries. Cette méthode eſt décrite par *Errard* de *Bar-le-Duc* (2), & il

expoſés en Flandres, par la préſomption des
Directeurs des ouvrages de Fortifications. Sous
le vain prétexte de ſe hâter, ces Directeurs
reſſerroient les fronts des attaques, & ils laiſ-
ſoient par ce moyen les ouvrages de l'ennemi
ſur leurs derriéres : ce qui prolongeoit les Siéges, & les rendoit plus meurtriers. Voyez la
nouvelle Maniére de fortifier les Places,
(1) Voyez les *Memorie del général princip*
di Montecuculi, pag. 116.
(2) Voyez la Fortification démontrée liv. 3.

ajoute qu'elle eſt de l'invention du Comte de *Lynar*. Cette conſtruction a ſubi
la critique de ceux qui n'ont pas compris ſes avantages, & qui prétendent que
le flanc doit découvrir tout le foſſé : ce
qu'il ne pourroit faire, ſi on mettoit
cette méthode en pratique. M. *Coehorn*
s'en eſt cependant ſervi pour couvrir
pluſieurs flancs des fortifications de
Berghen-op-Zoom.

Les contremines ſont une défenſe au-
deſſus de tout ce que nous venons de
dire, pourvu que le terrein en permette l'uſage. Une Place qui eſt dans une
belle ſituation, avec un ravelin devant
la courtine, obligera l'ennemi à dreſſer
ſes batteries ſur le glacis, pour battre
en brêche ou pour démolir les flancs ;
& alors les Aſſiégés pourront ruiner les
batteries par des mines qu'ils feront
jouer à différentes repriſes, ſuppoſé
qu'il n'y ait point d'eau à une certaine
profondeur. Comme on ſçait à peu près

chap. 11. On trouve dans le même Auteur
l'invention d'une galerie pratiquée ſous le chemin couvert, avec de petites ſorties dans le
foſſé. On a mis cette galerie en œuvre à Tour-
nay, & encore mieux à Berghen-op Zoom.

M ij

où les batteries des ennemis feront éle-
vées , ceux de la Place peuvent prendre
leurs précautions par avance ; & ils auront toujours une affez grande fupériorité fur un ennemi qui prétendroit faire éventer leurs mines le hoyau & la
bêche à la main : travail rude & qui cependant, dans un pareil cas , feroit fon
unique reffource.

Ce fut au Royaume de *Naples* qu'on
employa pour la premiére fois les mines avec fuccès. *Pierre* de *Navarre* fe
rendit maître par ce moyen d'une Fortereffe , où il y avoit Garnifon Françoife. L'utilité des mines pour reculer les
rapides progrès des Affiégeans , fut
mieux connue au Siége de *Candie* en
1666. 1667. & 1668. On en avoit fait
ufage auparavant aux défenfes des Places ; mais d'une maniére moins décifive
& moins remarquable. *Candie* , par le
fecours de fes mines , arrêta devant fes
murs , l'efpace de trois ans , toutes les
forces de l'Empire *Ottoman*. Depuis cette époque , les avantages des contremines ne furent plus révoqués en doute. Le Siége de *Turin* en 1706. eft encore un exemple mémorable de l'utili-

té des mines. Les Afliégeans en furent tellement maltraités, qu'au bout de quatre mois de tranchée ouverte, ils n'étoient guéres en pofleffion que de la contrefcarpe, où même on leur fît fauter en l'air onze piéces de canon trois ou quatre jours avant la levée du Siége.

L'Art des mines doit beaucoup à la Diflertation jointe au troifiéme Volume de l'édition Françoife de *Polybe* (1). Il ne fe peut rien lire de plus parfait, que la diftribution qui y eft inférée des différens étages des mines. La forme que l'Auteur donne à l'excavation n'eft peut-être pas affez précife & affez exacte ; mais cela n'a rien de commun avec l'arrangement des chambres, qui eft admirable, tant pour ménager le terrein que pour incommoder l'ennemi.

Comme j'ai blâmé les défauts qui fe trouvent dans les ouvrages de la plûpart des Ingénieurs, il eft à propos de

___

(1) Il eft marqué dans la Préface que cette Diflertation eft de M. de Valliére, aujourd'hui Lieutenant-Général des Armées du Roy & Lieutenant-Général d'Artillerie ; le premier homme de ce fiécle pour le fervice où il eft employé.

M iij

faire mention des Ecrivains dont les principes font dignes d'être fuivis. M. *Coehorn*, Officier d'un mérite rare & diftingué, nous a laiffé deux Traités. Le premier contient une méthode de fortifier un Pentagone, avec un projet pour améliorer les fortifications de *Coeverden*. Dans le fecond, il propofe trois différens modéles d'Architecture Militaire ; fçavoir, d'un Hexagone, d'un Heptagone & d'un Octogone, avec la maniére de fortifier le côté d'une fortereffe, qui fe trouve contigu à une Riviére. L'Auteur y examine toutes les attaques qu'il eft poffible de former contre fes flancs, afin de démontrer la fupériorité de fes défenfes, de forte que cet ouvrage, un des meilleurs qui ait paru fur cette matiére, eft en quelque façon un difcours fur l'attaque & la défenfe des Places, & en même temps un fyftême de fortification. M. *Coehorn* l'avoit écrit en Hollandois, fa langue naturelle ; & on l'a très-mal traduit en François & en Anglois. On a fait une nouvelle édition de la traduction Françoife en *Hollande*, où on a eu foin de corriger une grande partie des fautes de la premiére, & d'éclaircir par des notes certains endroits obfcurs de l'Original. Il faut avouer que l'Editeur entendoit parfaitement bien cette matiére.

Des amis de cet habile Ingénieur m'ont affuré qu'on fût long-temps avant que de rendre juftice à fes talens & à fon génie inventif, par l'envie & la jaloufie des gens du métier, qui attachés à leurs idées furannées, le traitoient d'ignorant & de préfomptueux. Mais la défenfe du Fort *Guillaume* à *Namur*, dont il fût chargé, établit fa réputation, & lui fit furmonter les effets de la calomnie & des préjugés. Dans la fuite, il monta par degrès aux plus hauts commandemens Militaires, & il immortalifa fon nom en conduifant le Siége de *Namur* fous le Roi *Guillaume*, & enfuite aux Siéges de *Bonn*, de *Limbourg*, de la Citadelle de *Liége*, &c. Il mourut vers le commencement de la derniére guerre qu'entreprît *Louis XIV.* & ce fut une vraie perte pour les Alliés, qui eurent occafion de le regretter à chaque Siege qu'ils formérent en *Flandres*, depuis l'an 1707.

Outre la direction des Places, les

Etats-Généraux lui confiérent la réparation & la sûreté de leurs Villes frontiéres. *Berghen-op-Zoom* est son dernier ouvrage, lequel fera toujours honneur à sa mémoire, quoiqu'il ne l'ait pas fini. On n'a point cessé de le critiquer après sa mort, & de blâmer comme des imperfections ces mêmes découvertes qui devoient faire la force de cette Place.

Quand on considére la grande réputation que M. *Coehorn* s'est acquise par ses longs services, on est surpris du peu de cas qu'on fait de ses Ecrits. Je m'imagine que cela provient de deux causes : la première de leur peu de clarté & d'élégance ; la seconde de la prévention où l'on est que les Hollandois en général ne sçavent ni attaquer ni défendre les Places de guerre. Il y a cependant lieu de croire, qu'on commence à penser plus favorablement des Ecrits de cet Auteur, puisque dans une de leurs meilleures Villes frontiéres, les *François* se sont servis d'un morceau de fortification tiré des ouvrages imprimés de *Coehorn*.

Je ne trouve d'autres Ecrivains modernes sur l'Art de fortifier, qu'on puisse mettre à côté de celui dont on vient de parler, que M. *Goulon* & surtout le Maréchal de *Vaubar*. Ils méritent tous les deux les applaudissemens du public, par les méthodes qu'ils nous ont laissées de l'attaque & de la défense des Places : matière importante & liée étroitement avec la science des fortifications. Le premier nous a donné un petit Traité intitulé : Mémoires sur l'attaque & la défense des Places, dans lequel sont détaillés avec beaucoup de précision les principes qu'on doit suivre dans ces Opérations Militaires. Le second présenta un Manuscrit sur le même sujet à *Louis XIV.* qui le reçut favorablement. Peu d'années après, ce Manuscrit fut imprimé en *Hollande* sur des copies qui s'étoient répandues dans le public. M. de *Vauban* y décrit dans le plus juste détail les grandes parties de l'attaque dont il étoit l'inventeur : telles sont les batteries à Ricochets, les paralléles & une manière particulière de conduire la Sape. Il donne aussi de très-belles instructions sur les autres parties nécessaires à un Ingénieur : & il faut avouer que c'est la production d'un Maître excel-

M v

lent, & un ouvrage digne de l'expérience & de l'habileté de ce grand Homme.

M. de *Vauban* n'a rien écrit lui-même sur l'Art de fortifier, c'est pourquoi je ne l'ai point placé parmi les Auteurs qui ont creusé expressément cette matière. On ne peut lui refuser cependant les louanges que méritent son bon sens, sa pénétration naturelle, son amour pour le bien public: & il n'étoit pas moins estimable par ses vertus civiles & morales, que par son sçavoir dans l'Architecture Militaire. Je crois seulement que son contemporain *Cochorn* le surpassoit en invention.

Jusqu'ici nous avons parlé de l'origine & des changemens arrivés dans la science des Ingénieurs: ce qui devoit faire la premiére partie de ce Traité. Il est maintenant à propos de passer à la seconde, je veux dire, à l'Artillerie, dont je vais donner l'histoire & les progrès, avec les principales Théories qui ont paru à ce sujet.

On attribue communément l'invention de la poudre à un Moine Allemand nommé *Barthold Schwartz*, lequel, à ce qu'on rapporte, en fit la découverte vers l'an 1320. On ajoute que les *Vénitiens* s'en fervirent les premiers à la guerre contre les *Génois* en 1380. Ces deux fuppofitions me paroiffent évidemment fauffes. *Roger Bacon*, qui vivoit plus de foixante & dix ans avant *Schvvartz*, parle d'une compofition fort connue de fon temps, & qui reffemble à celle que nous nommons poudre. Il y a auffi des preuves indubitables que l'Artillerie a été en ufage long-temps avant 1380.

Comme on ignore l'époque de la découverte du Salpêtre, il n'eft pas étonnant qu'on foit incertain fur le temps de l'invention de la poudre. Car on peut croire que l'invention de l'une de ces deux chofes auroit fuivi de près la découverte de l'autre.

La brufque & violente inflammation eft la propriété diftinctive du Salpêtre, lorfqu'on le mêle avec des fubftances inflammables. Quand il eft feul & fans mélange, il ne prend point feu. Par exemple, qu'on mette du Salpêtre dans un creufet au plus grand feu ; il ne fera que rougir & fe diffoudre, fans explofion ni flamme. Mais qu'on jette deffus quelque fubftance inflammable, comme du foufre ou du charbon ; il s'élévera incontinent une flamme violente , qui confumera autant de Salpêtre qu'il y a de fubftance inflammable. La même chofe doit arriver, fi on jette du Salpêtre dans le feu. Il n'eft donc pas vraifemblable que la connoiffance du Salpêtre ait précédé de beaucoup la connoiffance de fa propriété diftinctive : puifqu'il ne falloit que la chûte accidentelle d'une très-petite portion de ce Salpêtre dans le feu, pour faire voir fa puiffance explofive, & fon ufage en le joignant à des corps inflammables. C'eft ce qui n'auroit pas manqué de donner lieu à différens mélanges , pour découvrir lequel produiroit la plus grande explofion : & notre poudre d'aujourd'hui n'eft qu'une jufte & parfaite compofition d'un femblable mélange.

Ainfi, en déterminant le tems de la découverte du Salpêtre , on pourroit s'affûrer du temps de l'invention de la poudre. C'eft l'opinion commune que le Salpêtre fût découvert ou par les *Arabes* ou par les *Grecs*, vers le milieu de l'Ere Chrétienne. Ces deux peuples cultivoient alors beaucoup la Chymie & l'Alchymie. On dit même que le nom *Arabe* du Salpêtre exprime sa propriété explosive. Si l'on peut croire les effets surprenans du feu Gregeois, sur le rapport des Historiens, il est presque évident qu'il entroit du Salpêtre dans sa composition.

Quelques Auteurs modernes, trompés sans doute par la ressemblance des noms, ont avancé que les anciens connoissoient le Salpêtre ou le Nitre. Mais les Chymistes tombent tous présentement d'accord, que la substance dont se servoient les Anciens, & que *Pline* décrit si curieusement sous le nom de Nitre, est un sel différent de celui que nous nommons Salpêtre.

Roger (1) Bacon nous fait nettement

(1) Bacon assure que l'art peut imiter le bruit du tonnerre en plusieurs façons, & qu'il est facile de détruire une Ville ou une armée par le même artifice. Il soupçonne que Gédéon renversa les Madianites par une semblable invention. Dans un autre Traité il dit à peu près la même chose, & il ajoute qu'on peut prouver ce qu'il avance par le jeu or-

entendre que la poudre, ou des compofitions analogues à la poudre, étoient
connues long-tems avant fon fiécle :
d'où l'on peut inférer que l'invention
de la poudre eft à peu-près de même
âge que la découverte du Salpêtre Il
eft à remarquer que cet Auteur ne s'explique point fur la poudre, comme fur
une compofition nouvelle : il ne fait
que raconter briévement fon application
aux ufages de la guerre, & il dit qu'on
faifoit de fon temps des feux d'artifice
avec le Salpêtre incorporé à d'autres
fubftances. Le Traité de *Marcus Gra-
cus*, intitulé, *Liber Ignium* (1), donne
la defcription de deux efpéces de feux
d'artifice : l'une pour s'éléver en haut,
& l'autre pour imiter le bruit du ton-

dinaire des enfans, qui rempliffent de Salpêtre un rouleau de parchemin de la longueur
du doigt, auquel ils mettent le feu. On entend un bruit femblable au tonnerre, accompagné d'un grand éclair. Voyez la Préface de
M. Jebb mife à l'édition de l'*Opus Majus* de
Bacon.

(1) M. Méad, célébre Médecin à Londres,
poffêde ce manufcrit précieux. Mais ce que
j'en cite ici eft tiré de l'Editeur de l'*Opus Majus* de Bacon dans la Préface.

nerre. Cet Auteur ajoute que la cartouche pour la première espéce doit
être longue , mince , & la composition bien fine ; & que la cartouche
pour la seconde espéce doit être forte ,
courte , liée par les deux bouts , & à demi pleine. Cette seconde composition
est de deux livres de charbon , d'une
livre de souffre & de six livres de Salpêtre : le tout réduit en poudre & bien
mêlé dans un mortier de pierre. J'a-
voue , que la dose de cette composition
est plus grande que celle de la poudre
d'aujourd'hui. On ne sçait pas dans quel
siécle a vécu *Marcus Græcus :* On conjecture seulement qu'il a précédé l'invention de l'Artillerie. Car il ne parle
point de l'usage de ces deux composi-
tions pour la guerre : & comme il ne se
donne pas pour être l'inventeur des fu-
sées volantes , & qu'il ne les regarde
pas même comme une invention nouvelle , on peut raisonnablement conclure qu'elles étoient en usage longtems
auparavant lui.

Il y a apparence qu'on ne commença à se servir utilement de la poudre
pour la guerre , que vers l'an 1300.

Bacon avoit propofé quelques vuës har-dies fur la deftruction des armées en 1280 : ce que d'autres dans la fuite peuvent avoir imité & mis en exécution. *Schwartz* , au lieu d'être l'inventeur de la poudre , eft peut-être le premier qui en ait introduit l'ufage à la guerre. La maniére dont on raporte le fait , favorife extrêmement cette opinion (1). Dans la fuite , les rafinemens imaginés par différentes perfonnes & en différens païs, ont fans contredit occafionné la variété des dates , qu'on trouve dans les Au-

(1) On dit que Schwartz ayant broyé les matiéres de la compofition de la poudre dans un mortier , il le couvrît avec une pierre. Une étincelle de feu y tomba par hafard , & l'exploſion jetta la pierre fort loin. Nous avons prouvé que la poudre étoit connuë avant Schwartz ; mais cet accident lui auroit pu aprendre fon ufage à la guerre. Car Bacon croyoit que c'étoit l'effort de la flamme dans l'étendue de fon expanfion qui pouvoit endommager les corps. La figure & le nom de mortiers qu'on donne à certaines piéces d'Artillerie, & l'ufage qu'on en fît, fçavoir, de lancer de gros boulets de pierre à une certaine élévation , ne laiffe pas de confirmer cette conjeſture.

teurs au fujet du premier emploi & du fervice de l'Artillerie.

La poudre, dont on fit ufage quelque tems après l'invention de l'Artillerie, étoit d'une compofition moins forte que celle qui eft reçuë aujourd'hui ou que l'ancienne dont *Marcus Græus* fait l'éloge (1) : ce qu'on doit attribuer à la mauvaife façon des premiéres piéces plûtôt qu'à l'ignorance d'un meilleur mêlange. Les premiers canons maffifs & lourds, étoient formés de plufieurs morceaux de fer joints l'un à l'autre en long, & fortement attachés avec des anneaux de cuivre. Leur calibre étoit énorme. On employoit ces canons à jetter des boulets de pierre d'un poids exceffif à l'imitation des anciennes machines auxquelles ils venoient de fuccéder. On trouva peu après que des boulets de fer de moindre poids que ceux de pierre,

(1) Voyez Tartalea dans fes *Quefiti & Inventioni diverfe*, lib. 3. *quefito* 5. où il donne vingt-trois différentes compofitions de poudre, dont on fe fervit en différens temps. La premiére & la plus ancienne étoit d'égales parties de nitre, de foufre & de charbon.

feroient plus d'effet, pourvu qu'ils fuf-
fent pouffés par une plus groffe quantité
d'une plus forte poudre. Cette découverte & la difficulté de manier les prodigieufes piéces jufqu'alors en ufage,
caufa un changement dans la matiére
& dans la fabrique de l'Artillerie. De-là
nous font venus les canons de bronze,
plus legers, plus aifés à manœuvrer &
beaucoup plus forts à proportion de
leur calibre. Les nouvelles piéces fouf-
froient de plus grandes charges de poudre : & leurs boulets du poids de quarante à foixante livres, étant pouffés avec
plus de rapidité, caufoient un plus
grand effet que les plus énormes pierres (1).

C'eft ainfi que fût introduite la com-

---

(1) Ce changement arriva felon *Guicciardin*
vers l'an 1494. On entendra mieux ce que
cet Auteur dit au fujet des boulets de pierre
d'un poids énorme jettés par les piéces d'Artillerie de ce tems-là, quand on fçaura que
Mahomet II. fit battre les murs de Conftan-
tinople en 1453. avec des piéces du calibre
de 1200 livres. Mais on ne pouvoit tirer avec
ces piéces que quatre fois par jour.

poſition de la poudre , dont on ſe ſert encore aujourd'hui dans toute l'Europe. (1). Outre le changement de proportion dans ſon mélange , cette poudre eſt beaucoup plus forte depuis qu'on la met en grains. Autrefois elle étoit toujours en farine , telle qu'on l'avoit réduite , en broyant les ingrédiens enſemble. Et c'eſt une queſtion de ſçavoir ſi au commencement on mettoit la poudre en grains , afin d'augmenter ſa force : c'étoit plûtôt à deſſein de pouvoir charger plus commodément les moindres armes à feu. Car la poudre en grains fût long tems deſtinée à cet

(1) Tartalea nous apprend que la poudre à canon étoit compoſée de ſon temps de quatre parties de Salpêtre, d'une partie de ſouffre & d'une partie de charbon ; & que la poudre à mouſquet étoit de quarante-huit parties de Salpêtre, de ſept parties de ſouffre, & de huit parties de charbon ; ou bien de dix-huit parties de Salpêtre , de deux parties de ſouffre , & de trois parties de charbon. Les compoſitions de la poudre à mouſquet ſont à peu-près les mêmes aujourd'hui en Angleterre. La premiére contient une livre de Salpêtre ſur cent livres de poudre plus que nous n'en mettons , & la ſeconde trois.

unique ufage, tandis qu'on fe fervoit
de la poudre en farine pour le canon.
A la fin, on remarqua que le feu paf-
fant plus librement dans les interftices
des grains, communiquoit plus de force à la poudre : ce qui fît qu'on abandonna l'ufage de la poudre en farine (1).

(1) Qu'on fe fervit au commencement de
la poudre en farine, & qu'on continua cet
ufage pour le fervice de la groffe Artillerie,
long-temps après qu'on la mettoit en grains
pour charger les moindres armes ; ce font des
faits inconteftables. *Tartalea*, Quefiti, lib. 3.
Queft. 9. ch. 10. affure que la poudre à canon
étoit en farine, & celle de moufquet en grains.
Bourne dans fon Traité fur l'Art de l'Artillerie, publié quarante ans après celui de *Tar-*
talea, nous dit au chap. 1. que la poudre ferpentine doit être auffi fine que le fable, &
auffi douce que la fleur de la farine du fro-
ment. Au chap. 3. il ajoute que deux livres
de poudre en grains valent trois livres de poudre ferpentine. Le Chevalier *Henry Mainwar-*
ring, dans fon Dictionnaire de Marine au mot
poudre, remarque qu'il y en a de deux fortes ;
l'une nommée ferpentine, & qui eft auffi fine
que la pouffiére, l'autre en grains. Il nous
apprend enfuite que la ferpentine n'étoit point
en ufage fur mer. Sans doute que du temps
de cet Auteur, on abandonna l'ufage de la

On a très-peu rafiné fur la fabrique de l'Artillerie , pendant les deux derniers fiécles : les meilleures piéces ne différent guéres dans leurs proportions d'avec celles du temps de l'Empereur *Charles-Quint*. On en a fouvent propofé , on en a effayé de plus courtes & de plus legéres. Mais il eft décidé que cette efpece de canons n'eft avantageufe que dans certaines occafions particuliéres. Quoique les proportions de l'Artillerie foient à peu près les mêmes , le fervice qu'on en tire a fubi plufieurs changemens. Les canons qui portent un boulet du poids de vingt-quatre livres , font à préfent les piéces deftinées aux batteries : l'expérience nous ayant appris que leur coup , quoique moins violent que celui des piéces plus groffes , eft fuffifamment proportionné à la force des profils ordinaires des fortifications. De plus , ils épargnent beaucoup de poudre ; & la facilité qu'on a de les conduire & de les manier , rend leur fervice beaucoup plus fûr & plus

ferpentine , parce que les Ingénieurs recommandoient la poudre en grains. Ce Chevalier vivoit fous le régne de *Charles I*.

avantageux que celui des canons qu'on employoit autrefois dans les grands siéges. On fait présentement brêche , en abattant la partie inférieure du mur, avant que d'entamer la partie supérieure. C'est un rafinement moderne dans la pratique de l'Artillerie, qui n'est point recommandé par aucun des Auteurs anciens. *Gabriel Busca* , qui se pique de beaucoup d'expérience , ordonne le contraire (1). *Collado* se contente de nous dire que c'est l'usage des *Turcs* , sans le proposer comme un exemple digne d'être imité (2).

(1) Voyez *l'Instruttione di Bombardieri* , de l'an 1584. Gabriel Busca ordonne qu'on commence à faire brêche à la partie supérieure du mur , & delà en descendant.

(2) Voyez Pratica Manuale di Artigliera dal Mag. Signor Luigi Collado Hispano-Betico - Nebricense : imprimé à Venise en 1586. Collado rapporte chap. 20. que les Turcs commençent à faire brêche par le bas du mur , & ensuite de haut en bas perpendiculairement, & enfin qu'ils font tomber cette partie du mur ainsi attaquée. L'Auteur , quoiqu'Espagnol, composa son Livre en Italien. Il avoit servi en qualité d'Ingénieur dans l'Armée Espagnole en Italie , & il avoue dans sa

La méthode de tirer avec des petites charges de poudre, en élevant le canon de maniére que le boulet dans fa defcente fe trouve précifément au-delà du parapet de l'ennemi & tombe dans fes ouvrages ; cette méthode, dis-je, eft un rafinement très-important de la pratique moderne. Le boulet par ce moyen, tombant à terre fous un petit angle & avec une médiocre rapidité, bondit ou roule dans la direction de fon explofion; de forte que le canon étant placé en ligne avec la batterie de l'ennemi ou avec le front qu'il doit balayer, chaque coup labourera, pour ainfi dire, toute la longueur de la batterie ou du front, & par ce moyen embarraffera infiniment plus & démontera plutôt l'Artillerie oppofée, que fi on tiroit de la maniére ordinaire. Cette utile méthode eft de l'invention du célébre Maréchal de Vauban, qui l'appella Batterie à Ricochets (1) ; & elle fut mife en pratique

Préface, qu'il vouloit le faire réimprimer en fa langue naturelle. C'eft apparemment cette édition que cite M. *Blondel* dans fon Art de jetter les bombes.

(1) Voyez fon Livre de l'attaque & la défenfe des Places.

la première fois au siége d'*Ath* en 1692 (1).

On vient de donner un petit abregé Historique du méchanisme de l'Artillerie ; il faut à present parcourir les différentes Théories qui ont été proposées de tems en tems au sujet du mouvement des boulets & des bombes. On y trouvera peu de choses dignes d'attention. Mais comme c'est une matiére liée d'une certaine façon avec le sujet qui est ici développé , le Lecteur est prié de se prêter à ce qu'on en va dire avec choix & en peu de mots.

Tartalea est le premier qui ait écrit de propos délibéré sur le jet ou vol du boulet de canon. C'étoit un Mathématicien *italien* , fameux pour avoir inventé la méthode de résoudre les équations cubiques vulgairement attribuées à *Cardan*. Cet Auteur a publié deux Traités : l'un intitulé , *Nova Scientia* , imprimé à *Venise* en 1537 ; & l'autre intitulé , *Quesiti & Inventioni diverse* & imprimé

dans

(1) Voyez le Journal de ce Siége imprimé à la fin de la derniére édition des Mémoires de *Goulon*.

dans la même ville en 1546. Il examine dans ces deux ouvrages plusieurs particularités au sujet du mouvement du boulet : & quoique l'état imparfait où les méchaniques étoient alors, lui offrît beaucoup de faux principes, il ne laissa pas de réussir dans quelques-unes de ses recherches. Il est le premier qui ait avancé que les plus grandes projections d'un canon se faisoient à l'élévation de quarante-cinq degrés. Il découvrit aussi qu'il n'y a aucune partie de la trace décrite par un boulet dans son jet ou son vol qui soit une ligne droite, quoique la courbure en soit presque imperceptible en certains cas. Il compare cette trace à la surface de la mer, qui étant considérée par petites portions, paroît une plaine, quoiqu'elle soit évidemment courbée autour du centre de la terre. Il s'attribuë également l'invention du cadran ou quart de cercle propre au cannonier : & ses conjectures sur certaines méthodes, qui n'étoient point encore mises en pratique, se trouvent assez exactes. Mais comme il n'avoit point suivi le service de l'Artillerie, & que ses opinions étoient fondées fur la fpéculation , il a été beaucoup critiqué par *Bufca* , Collado (1) , Ufano , *Simienowicz* , &c. Les Philofophes de ce tems-là , particuliérement les *Italiens* , fe mélérent dans les difputes qui fe répandirent alors au fujet du mouvement : & ce combat utile entre les Sçavans dura jufqu'au tems de *Galilée* , qui publia fes fameux Dialogues fur le mouvement en 1638. Les Théories à ce fujet , & à celui des projections Militaires avant l'établiffement de l'opinion de *Galilée* , & les Tables où l'on comparoit l'étenduë de ces projections à différentes élevations du canon , font toutes fauffes. Témoin celle d'*Ufano* ,

(1) *Collado* chap. 43. dit que *Tartalea* n'eft point l'inventeur du cadran propre au Cannonier , & que *Daniel Santbech* l'avoit connu long-tems auparavant lui. Mais il eft certain que le Livre de *Santbech* , intitulé , *Problematum Aftronomicorum & Geometricorum fectiones feptem* , ne fut imprimé qu'en 1561 , quelque tems après la mort de *Tartalea*. Santbech parle de l'Artillerie , mais en homme de cabinet & peu exercé dans la pratique.

de *Galeus*, d'*Ulrick*, &c. dont M. *Blon-del* fait mention (1). Il y a cependant quelques-unes de ces Tables travaillées par des Officiers qui avoient passé toute leur vie au service de l'Artillerie. Parmi le grand nombre des Auteurs anciens qui ont écrit sur la différence entre les mouvemens naturel, violent & mixte, il n'y en a pas deux qui soient de la même opinion.

Il est surprenant qu'on ait négligé pendant ces disputes, d'examiner les Théories par le secours des expériences. On ne trouve que quatre Auteurs qui ayent pris cette peine. Le premier est *Collado*, qui nous a donné les projections d'un fauconnier portant un boulet du poids de trois livres à l'élévation de chaque point du cadran. On voit bien par ses calculs que la piéce n'avoit point sa charge ordinaire de poudre (2). Le

(1) L'opinion examinée par M. *Blondel* dans son Art de jetter les bombes, chap. 5. n'est point de *Rivaltius*, mais de *Santbech* de qui *Rivaltius* l'avoit prise. Voyez Santbech, Sect. 6.

(2) Il seroit inutile de rapporter ici le résultat de ses expériences.

N ij

second eſt un Anglois nommé *Bourne*, dont le livre fut imprimé un an après celui de *Collado*. Il régla ſes élevations par degrés, & non par les points de l'inſtrument propre aux Cannoniers : & l'on voit qu'il donne les proportions entre l'étenduë des projections à différentes élévations & celle de quarante-cinq degrés (1). Mais il ne marque pas de quelle ſorte de piéces il ſe ſervoit, pour faire ſes expériences : ce qui eſt pourtant néceſſaire de ſçavoir. Car on voit, en ſuivant l'étenduë d'un certain nombre de projections, qu'elle varie beaucoup ſelon la rapidité & la denſité du boulet. Les expériences de Bourne ſuppoſent des piéces très-petites.

Les autres Auteurs ſont *Eldréd* & *Anderſon*, tous les deux Anglois. J'aurai occaſion dans la ſuite de me ſouvenir du dernier, qui a rendu ſes expériences inutiles par ſon attachement à une fauſſe Théorie. Eldréd (2) étoit

(1) Voyez ſon Art d'Artillerie, chap. 7.

(2) Son Livre eſt intitulé : *Miroir du Cannonier*. Il fit la plupart de ſes expériences au Château de *Douvres*, dont il étoit par Brevet du Roi, Maître Cannonier. La plus ancienne

un homme de mérite : & peu s'en faut
que ses principes ne soient de la plus
grande exactitude. Il nous a donné l'é-
tenduë des projections de différentes
piéces d'Artillerie à des élévations au-
dessous de trente degrés. Ses expériences sont nombreuses, & faites avec attention. Il a été assez sincére pour en
avouer quelques-unes qui combattent sa
methode. On peut dire qu'il entendoit
mieux son métier, que la plûpart de
ses Confréres qui embrassent ordinairement quelque Théorie défectueuse,
ou qui s'attachent à la vieille pratique,
sans songer à perfectionner leur Art
par des expériences répétées. C'est à
cette négligence ou plûtôt à cet assou-
pissement des gens du métier, qu'on
doit attribuer la trop longue durée de
l'opinion qui a prévalu depuis le tems
de *Galilée* au sujet du mouvement du
boulet de canon.

Nous venons de dire ci-dessus que
Galilée publia ses Dialogues sur le mou-

date de ses expériences est de 1611. Il publia
son Livre en 1646.

N iij

vement en 1638. Il y fait remarquer les loix que la Nature obferve dans la production & la compofition du mouvement , & il eft le premier qui ait déterminé l'action & les effets de la gravité fur les corps qui tombent d'une certaine hauteur. Ces principes pofés, il dit que le jet ou le vol d'un boulet de canon décrit une parabole, à moins qu'il ne foit empêché par la réfiftance de l'air. Il propofe en même tems les moiens pour parvenir à la connoiffance des inégalités qui peuvent réfulter de cette réfiftance, en donnant une methode pour découvrir les effets fenfibles que la réfiftance peut produire dans le mouvement d'un boulet à une certaine diftance du canon.

Après que *Galilée* eut montré que tout ce qui eft projetté décrit une parabole , pourvû qu'il n'y ait point d'oppofition de la part de l'air , il y avoit bien lieu d'efpérer qu'on feroit des expériences pour fçavoir de combien un boulet étoit éloigné de décrire une parabole , afin de pouvoir prononcer s'il étoit néceffaire à un Cannonier de faire attention à la réfiſtance de l'air. Mais les Auteurs qui ont écrit depuis ce tems-là, ſe ſont contentés d'aſſurer, ſans faire aucune expérience, que la réfiſtance de l'air ne peut pas cauſer une grande variation dans le jet ou le vol des bombes & des boulets. Ils ſe fondent ſur l'extrême mobilité de l'air comparée avec la peſante denſité des corps projettés. On a ſi ſouvent répété & copié la même choſe, que c'eſt à préſent un Axiome dont on eſt généralement convenu, que le jet ou vol des corps projettés décrit une parabole.

L'an 1674. le laborieux *Anderſon* publia un Traité ſous ce titre : Uſages & Effets du Canon. Là, ſur les principes de *Galilée*, il ſoûtient que le jet ou vol des boulets décrit une parabole, & il prétend répondre à toutes les objections qu'on peut former contre ſon ſyſtéme. En 1683. M. *Blondel* fit imprimer à Paris ſon Art de jetter les bombes, où il parle des variations que la réfiſtance de l'air peut cauſer dans le jet des bombes & des boulets : & après un long diſcours ſur cette matiére, il conclut que cette réfiſtance ne mérite point d'attention (1). M. *Hally* a inféré un difcours fur le même fujet dans les Tranfactions Philofophiques (2) ; où , prévenu de la grande difproportion entre la denfité des boulets & celle de l'air , il prétend que fa réfiftance à un gros boulet de métal eft prefque imperceptible. Mais il veut qu'on ait égard à l'oppofition de l'air , quand le boulet eft petit.

Il eft donc certain que c'eft une opinion généralement reçuë , que le vol des bombes & des boulets décrit à peu près une parabole. Les Auteurs , qui fe font exercés fur cette matiére depuis quarante ans, difent tous la même chofe.

Anderfon , qui fit un grand nombre d'expériences , vit bien qu'on ne pouvoit foutenir ce fentiment fans quelque modification. Il n'examine point l'étenduë des projections du canon ou du moufquet avec leur rapidité ordinaire. Mais fes expériences fur l'étenduë des projections du mortier avec une moin-

(1) Voyez la page 345. de la premiére édition *in*-4°. & les pag. 355. & fuivantes.

(2) Voyez N°. 216.

dre rapidité, lui firent connoître, que le jet des bombes n'étoit point parabolique : ce qu'on peut voir dans son Traité intitulé, Tirer au blanc, & publié en 1690. Au lieu d'inférer de-là que la réfiftance de l'air produifoit un effet digne d'attention, il imagina une nouvelle hypothefe, & foûtint que la bombe ou le boulet alloit jufqu'à une certaine diftance de la piéce en ligne droite, après quoi ce boulet ou cette bombe décrivoit une parabole. Anderfon nomme cette ligne droite, la ligne de la violence du feu : & elle eft, dit-il, la même dans toutes les élévations. En déterminant donc la grandeur de la ligne de la violence du feu, il concilioit par fon hypothéfe deux coups tirés fous différens angles au-deffus & au-deffous de quarante-cinq degrés. Mais on a lieu de croire que fa nouvelle Théorie ne fut point confirmée par les expériences qu'il promettoit de faire dans la fuite. Car il n'a point ofé nous donner celle de trois étenduës de projection faites à trois différentes élévations, avec la même quantité de poudre, parce qu'il lui étoit impoffible de concilier trois différentes irrégularités. Si donc la résiſtance de l'air au mouvement d'une bombe pouſſée du mortier par une petite quantité de poudre , produit de grandes inégalités , l'action de l'air doit produire de bien plus grands effets ſur le mouvement des boulets pouſſés par de groſſes charges de poudre au travers d'un plus long cilindre. Le jet de ces boulets eſt peut être trois ou quatre fois plus rapide ; ils trouvent par conſéquent près de cinquante fois plus de réſiſtance. Nous le démontrerons bientôt.

Depuis l'impreſſion de l'admirable ouvrage du chevalier *Newton* ; les Mathématiciens ſont auſſi blàmables que les Cannoniers de n'avoir point fait attention aux effets de la réſiſtance de l'air , puiſque ce grand-Homme y donne l'ordre & la quantité de cette réſiſtance aux mouvemens lents : le tout confirmé par des expériences réitérées. (1) Le Chevalier Newton nous avertit , que ſon ſyſtéme appliqué aux

____

(1) Vid. Philoſophiæ Naturalis Principia Mathem. pag. 351.

mouvemens rapides fera défectueux,
& qu'on trouvera la réfiftance beaucoup moindre qu'elle ne l'eft en effet.
Mais les principes de ce fyftême fuffi-
fent pour montrer que l'action de l'air
fur les boulets eft de trop grande con-
féquence pour être négligée. Malgré des
preuves fi convaincantes de la néceflité
de faire entrer cette action dans les
Théories des projections Militaires,
on ne trouve qu'un feul calcul de leur
mouvement fondé fur les principes de
Newton (1) dans les Mémoires de l'A-
cadémie de Peterfbourg.

De ce que nous venons de dire, on
peut conclurre que les Auteurs, qui
ont écrit fur l'Artillerie, fe font trompés, en fuppofant que la réfiftance de
l'air eft prefque imperceptible, & en
affûrant par conféquent que le jet des
boulets décrit à peu près une parabole. Ainfi toutes leurs déterminations fur
le jet ou le vol rapide font fauffes, &
les diverfes Théories qui regardent l'Artillerie, affez inutiles.

(1) Vid. Comment, Acad. Petrop. tom. 2.
pag. 338. & 339.

Afin de corriger donc les défauts &
les imperfections de cet art devenu ſi important pour la guerre & ſurtout pour
celle des ſiéges, il faut deux choſes. La
premiére, prouver clairement ce qu'on
a avancé au ſujet de la fauſſeté du mouvement parabolique des corps projettés : la ſeconde, déterminer le degré de
la réſiſtance de l'air à chaque coup de
canon, ſuivant le degré de rapidité
avec lequel le boulet eſt pouſſé. Ainſi
la courbe décrite par le boulet ſortant
du canon, devient un problème de Géométrie très-compliqué lequel demande
un long travail. Mais dans le cas où il
eſt queſtion de la pratique, on trouve
des moyens pour comparer aiſément les
projections des boulets avec le réſultat
d'une bonne Théorie.

Il me reſte pour finir ce Traité, à
parler efficacement de la force & de
l'action de la poudre, & à rapporter ce
que les meilleurs Officiers d'Artillerie en
ont dit. Leurs vuës ſans doute étoient
louables. Mais tout ce qu'ils nous ont
laiſſé par écrit ſur cette matiére, eſt ſi
vague & ſi obſcur, qu'on a de la peine
à l'entendre. L'hypothéſe du ſçavant M.

de la *Hire* eſt la plus intelligible de toutes celles qui ont paru , & la ſource où
les autres ont puiſé.

M. de la *Hire* (1) ſuppoſe que la
force de la poudre provient de l'élaſticité de l'air renfermé dans les grains &
dans leurs interſtices , en conſéquence
de la chaleur & du feu qui ſont produits
au tems de l'exploſion. Si cet air eſt
dans ſon état naturel au tems que la
poudre s'enflamme ; ce qu'on ne peut
révoquer en doute au moins à l'égard
de l'air qui ſe trouve dans les interſtices
des grains ; la plus grande force que
ſon élaſticité peut acquérir par la flamme de l'exploſion , ne montera pas à
cinq fois plus que ſon état ordinaire ,
comme il eſt facile de le montrer (2) :
c'eſt-à-dire, qu'elle ne ſuffiroit pas pour
la deux-centiéme partie de l'effort dont
ſe trouve capable la poudre enflam-
mée.

Cette hypothéſe cependant a donné

(1) Voyez l'Hiſtoire de l'Académie Royale
des Sciences , ann. 1702.
(2) Voyez la ſeconde propoſition du premier chapitre du Traité intitulé : *New Prin-
ciples of Gunnery.*

lieu à un grand nombre de Diſſertations & de Traités parmi les Phyſiciens. Un d'entr'eux ſuppoſe que l'élaſticité de l'air échauffé par l'exploſion de la poudre eſt cent fois plus grande, que quand il eſt échauffé au degré de l'eau bouillante. Comme on a ci-devant prouvé qu'il étoit impoſſible de parvenir à la connoiſſance de la force de la poudre par le moyen des principes ordinaires, on ne s'arrêtera point aux ingénieuſes, mais vaines ſpéculations de tous ces Ecrivains. On prépare un Traité particulier & complet ſur la Théorie de la force de la poudre, & on l'établira par des expériences déciſives : ce qui ſervira à réfuter ſans retour toutes les autres Théories.

Fin du ſecond Tome.

APPROBATION.

J'Ai lu par l'ordre de Monseigneur le Chancelier un Ouvrage de Monsieur Deslandes, intitulé : *Recueil de différens Traités de Physique & d'Histoire Naturelle*, Tome second, & il m'a paru que l'impression en devoit être agréable au Public. A Paris ce 3. Septembre 1749.

CLAIRAUT.

De l'Imprimerie de QUILLAU, Pere.